大绵球

大金星

大五棱

伏旱红（草红子）

丘陵山楂园

秋金星

山地山楂园

山楂丰产园

山楂丰产状

梯田山楂园

小　货

禅寺丸

车头柿

次　郎

金瓶柿

平核无

镜面柿

柿优质高产示范园

甜柿密植丰产园

小面糊

小萼子

阳 丰

果树新品种及配套技术丛书

SHANZHA SHI
XINPINZHONG
JI PEITAO JISHU
山楂、柿

新品种及配套技术

魏树伟　秦志华　主编

中国农业出版社
北　京

编 写 人 员 名 单

主　编　魏树伟　秦志华

副主编　王小阳　董　冉　董肖昌　徐兴东

编　者　（以姓氏笔画为序）

　　　　　王　勇　王小阳　王宏伟　牛庆霖

　　　　　冉　昆　巩传银　朱力争　任鸿春

　　　　　刘　斌　李朝阳　张树军　秦志华

　　　　　徐兴东　董　冉　董　放　董肖昌

　　　　　戴振建　魏树伟

前言
FOREWORD

　　山楂原产中国，是我国特有的果树之一。柿树在我国分布广泛，栽培历史悠久。中华儿女在长期的果树栽培实践中培育了众多优良的山楂和柿品种，创造和积累了丰富的栽培管理知识、技术和经验。

　　新中国成立以来特别是改革开放以来，伴随着现代科学技术的进步与快速发展，原有的品种和栽培管理技术、栽培模式有了较大的改变，许多优新品种不断涌现。为推广山楂和柿现代化省工高效栽培的新知识、新技术、新经验、新科技成果，以适应当今社会对山楂和柿栽培技术、模式的要求，邀请山楂和柿方面的专家通力协作共同编写了本书，谨供果树生产者参考应用。在本书编写过程中参考引用了许多文献资料，在此一并表示感谢！

　　由于笔者水平有限，书中难免存在疏漏之处，敬请读者批评指正。

编　者

2020 年 1 月

目 录
CONTENTS

前言

一、山　楂

（一）概述

1. 栽培历史

山楂原产于中国，是我国特有的果树之一。在历史文献中山楂有许多别称，如中国记载山楂最早的古籍《尔雅》中称山楂为"朹""��梅"，《本草经集注》称其为"鼠查"。根据古籍记载，晋朝是我国山楂人工栽培的开端，距今已有1 700年左右，黄河中下游和渤海湾地区是山楂最早的栽培中心。

山楂属于蔷薇科山楂属，也叫山里红、红果等，主要分布在我国山西、河南、山东、河北、安徽、陕西、甘肃、内蒙古、黑龙江、吉林、辽宁等省份。山楂果实以甜中带酸的独特风味深受人们的喜爱。山楂营养丰富，既可鲜食，又可作为加工原料，还有很高的药用价值，耐低温、耐干旱瘠薄，是一种很好的山区经济树种。此外，山楂树形优美，可作为园林绿化树种。

2. 经济价值

（1）营养丰富　山楂的果实酸甜爽口，风味独特，营养丰富而全面。据中国医学科学院和中国科学院植物研究所对大果山楂的分析，每100 g大果山楂鲜果肉中含干物质25.9 g、蛋白质0.7 g、脂肪0.2 g、热量388.93 kJ、钙68 mg（钙含量为水果中第一位）、磷20 mg、铁2.1 mg、维生素B_1 0.02 mg、维生素B_2 0.05 mg、维生素D 0.4 mg。糖含量为10.23%～14.25%，糖的种类主要有葡萄糖、蔗糖、淀粉、纤维素、半纤维素等。氨基酸含量高达 521～ 1 551 mg/L。果酸含量丰富，果酸种类主要有酒石酸、柠檬酸、山楂酸等。此外，还含有果胶、黄酮类化合物（如牡荆素、槲皮苷、金丝桃苷等）、三萜类化合物、咖啡酸等成分。

（2）适宜加工　除鲜食外，山楂可加工成多种美味食品，如糖水山楂罐头、山楂粉、山楂酱、山楂果汁、干山楂片、果丹皮、山楂果脯、山楂果冻、山楂果酒、山楂蜜饯及山楂糖葫芦（冰糖葫芦）等，还有以山楂为原料的山楂口香糖、山楂胶软糖等。此外，山楂含有丰富的红色素和果胶物质（3%～7%），特别适于制作各类饮料，是我国独特的能创外汇的饮料工业原料。

（3）具有药用价值　山楂具有很高的药用价值，据《本草纲目》载，山楂能"化饮食，消肉积、症瘕、痰饮、痞满吞酸、滞血痛胀"，现今已有 50 多种以山楂为原料的健脾开胃、消积化食的药；山楂对散瘀止血、预防中暑、提神醒脑也具有积极作用。

近代药理研究证明，山楂含有的三萜类和黄酮类化合物等成分，对降血压、降血脂、增加冠状静脉血液流量、抗心律不齐、强心等效果明显，山楂是适合高血压、冠心病患者的果品。此外，山楂所含的黄酮类成分——牡荆素具有抗癌作用，对盐酸氮芥等 12 种抗肿瘤药物的致突变毒性有明显的拮抗作用，可阻断致癌物亚硝酸的合成，对肿瘤化疗患者十分有益。

（4）生态景观价值　山楂树冠结构紧凑、冠幅小，层次分明，树形优美，花鲜叶茂，果实红润可爱，在园林景观配置中，可通过"春花秋实"和变色落叶的自然变更，凸显景观季相变化的意境，并选择早期成型种，以延长果实观赏期，避免季相不明显时期的偏枯现象，从而形成独具特色的都市园林景观。

3. 产业现状

（1）面积产量　20 世纪 70 年代以后，我国山楂生产得到迅速发展，80 年代后出现了发展高潮。到 1990 年，我国山楂栽培面积达 35 万 hm²，年产量 4.5 万 t，由过去不被重视的小果类果树一跃成为我国栽培面积第四位的果树。但随后由于各地山楂种植没有形成合理的秩序和规模，导致山楂价格陡降，价格的降低导致山楂栽培面积迅速减少，2002 年我国山楂栽培面积降至 4.5 万 hm²，总产量为 27 万 t 左右，2002 年以后栽培面积呈平稳上升趋势。当前我国山楂集中产地为山东、河北、辽宁、河南和山西，种植面积大、产量高、果实品质好的地区有山东青州、河北兴隆、辽宁开原、河南辉县、河南林州以及山西晋城。

(2) 育种　在漫长的山楂栽培史中，随着山楂药用价值的发掘和加工业的发展，明清至民国时期，山楂品种选育工作逐步开展起来，主要选育出泽州红、敞口、辽红等山楂品种。20 世纪 70—80 年代，山楂市场达到繁荣时期，山楂新品种的审定也比较集中，其他时期审定新品种较少。

果树育种方法主要有果树遗传变异及选种、杂交育种、人工诱变育种、体细胞杂交育种等。但山楂新品种选育主要从栽培种或农家品种中选出。赵焕谆等 (1991) 在《中国果树志·山楂卷》收载了 142 份有代表性的山楂品种资源，其中农家品种 64.8%、育成品种 14.2%。这充分说明中国山楂品种资源的丰富性，但也显示出山楂育种工作相对比较滞后。

山楂同时具有异花、自花授粉及单性结实能力，花粉刺激时可以单性结实，因此山楂生产园可不配置授粉树。但大部分山楂果实种子含仁率极低或者几乎没有种仁，导致山楂杂交育种工作进展困难。人工诱变产生突变体是行之有效的育种手段。杨玉梅等探索了种胚培养和辐射诱变相结合的育种方法，选用辽红、磨盘山楂的成熟种胚，进行胚培养后，用 $^{60}Co-\gamma$ 射线辐射处理，成功地将试管苗嫁接到山楂初果期树上。李雅志等研究了 $^{60}Co-\gamma$ 射线辐照山楂萌动的一年生枝和一年生苗木的变异情况，筛选出了大果型、短枝丰产型等几个优良突变系。孟庆杰等采用一年生休眠山楂枝芽通过 $^{60}Co-\gamma$ 射线辐射诱变方法，从变异单系中筛选出了大果、高糖、高维生素 C、宜鲜食的山楂新品种辐毛红。

分子标记是检测遗传多样性的最有效工具，可以提供物种间DNA（脱氧核糖核酸）水平的多态性资料，确定不同种质资源的亲缘关系和进化水平。随着分子标记技术的发展和应用，山楂果树的研究也开始应用这些新技术，主要有同工酶、RAPD（随机扩增多态性DNA）、ISSR（区间简单重复序列标记）、SSR（简单重复序列）、PCR-RFLP（限制性片段长度多态性聚合酶链式反应）等分子标记技术。

（3）加工 我国传统的山楂产业具有悠久的历史，但山楂制品加工生产水平较低，加工产品以山楂果制品和山楂干制品为主，较为单一。产品的目标消费群体也仅仅是儿童和青少年。随着现代食品工业的发展，山楂加工产品越来越丰富，如山楂果醋。山楂果醋是以山楂或山楂加工下脚料为主要原料，利用现代生物技术酿制而成的一种营养丰富、风味优良的酸味调味品，是集营养、保健、食疗等功能于一体的新型饮品。

山楂中所含有的黄酮类化合物具有较高的抗氧化、抗自由基活性，是生产天然保健食品较理想的添加剂。黄酮类化合物可通过超临界萃取等高新技术提取，再采用喷雾干燥或真空冷冻干燥等技术获得粉状产品。通过超微粉碎技术得到的山楂粉，可作为医药和食品工业的主料、辅料或添加剂使用。此外，山楂具有丰富而全面的营养物质和药物成分。随着酶制剂、菌制剂和膜技术的发展，人们对山楂的加工利用也进入到一个新的阶段。山楂毒性小，副作用少，有望成为以各种有效成分参与临床治疗的中药。如山楂所含的黄酮类成分——牡荆素具有抗癌作用。

4. 存在问题

（1）栽培管理粗放，技术含量低 20世纪80—90年代，全国大面积发展山楂产业，随着市场供远大于求，1990年后山楂价格暴跌。2010年山西省经济林普查表明，泽州县山楂种植面积缩减至665.60 hm²。由于山楂价格低，农民疏于管理，病虫害较多，且水肥管理跟不上，导致山楂产量较低。

我国在 20 世纪 90 年代投入了大量的人力、物力和财力进行了山楂加工业的改造和新的生产企业的建设，但经济效益都没能达到预期，造成这一结果的最关键的原因就是缺少成熟有效的技术来降低山楂汁中有机酸和单宁的含量。单宁和有机酸影响了山楂汁的口感，通常是以加入大量蔗糖等来降低酸度，但这种产品不适合老年人，尤其不适合糖尿病患者和不喜甜食者食用，这就使市场需求不大，影响了经济效益。

(2) 山楂制品品种单调，新产品开发不够　长期以来，山楂加工多采用传统工艺，产品主要有山楂片、山楂饼、山楂罐头、山楂条、果丹皮、糖葫芦、山楂糕、果汁、果酱等初级加工产品，这显然跟不上市场需求，产品附加值低，利润不高，山楂果的加工率不足 20%。

(3) 产大于销，缺少好的品牌　目前，由于山楂鲜果加工能力不足，再加上受到辽宁、河北等地山楂丰产的影响，很多省份散户的山楂基本无人问津，削弱了果农种植的积极性。如山东省多家山楂加工企业中无全国著名品牌，无龙头企业带动，缺少资源整合和统一推广。

(4) 加工质量有待提高，管理欠完善　山楂加工行业存在加工设备简单、工艺技术含量低、产品质量不高的问题。行业经营模式是"各自为战"，出现了无序竞争、鱼龙混杂的局面。个别企业由于生产不规范而被媒体曝光，严重影响了行业整体发展，极大地损害了山楂制品的声誉，山楂加工行业遭遇发展瓶颈。

5. 发展方向

(1) 重视山楂种质资源挖掘利用　种质资源是种质创新工作的基础和前提。山楂原产中国，我国山楂产区分为北方产区和云贵高原产区两大产区，北方产区分为鲁苏北、中原、冀京辽和寒地 4 个栽培区，云贵高原产区分为滇中滇西、滇东黔南、滇南桂西3个栽培区。每个产区都有丰富的种质资源。对地方种质资源的深入挖掘利用，可以满足当前山楂产业发展对品种的需求，如具有品质优、抗干旱、耐瘠薄、抗逆性等性状的品种，而控制这些优良性状的基因绝大部分蕴藏于野生或半野生山楂及其近源种当中，进一步挖掘这些种质资源并进行开发利用是山楂品种改良的重点。

（2）提高劳动生产率　随着我国经济的快速发展，劳动力成本快速上升。同时，化肥、农药、农膜等生产资料成本也呈现出持续上涨的态势。山楂产业为劳动力密集型、资金密集型及技术密集型产业，且产业风险较大，在专业人力资源稀缺及劳动力成本高涨的新形势下，低成本、省力化、标准化栽培模式必定成为主流。土地成本可控，劳动力成本不可控，通过机械化等方法降低劳动力的投入是现代山楂种植产业盈利的根本。研制和推广适合我国国情的果园管理机械如挖穴机、弥雾机、喷药机、割草机、挖沟机、起苗机、施肥机等，可显著提高劳动生产率。

（3）规模化　我国山楂栽培面积虽大，但多为分散小户经营，不能适应当前市场的需要。家庭果园种植面积 0.33 hm² 以下者，占山楂总种植面积的 75.9%；种植面积 0.33~0.67 hm² 者占14.3%；种植面积大于 0.67 hm² 者占 9.8%。近年来，在我国部分山楂产区土地流转开始被推广，大户经营模式出现，这是山楂种植未来的发展趋势。

（4）更加重视果品安全　随着人们生活水平的提高，水果的安全、营养更加引起人们的重视。山楂生产要贯彻普及无公害生产标准及技术，有条件的果园应按绿色、有机食品标准进行果园生产。为了安全生产，尽量选择在空气、土壤、地下水等环境条件合格的地块建园，同时注意肥、药的选用。在强调综合防治的基础上，尽量采用农业、物理和生物防治，在化学防治中，尽量减少用药次数和用药量，应遵循按病虫测报、防治指标、关键期、品种抗性、经济阈值等灵活用药的原则，药剂必须按国家规定选用。

（二）山楂品种

1. 早熟品种

（1）伏早红　又名草红子，是在山东省平邑县铜石镇小神堂村发现的 1 株优良山楂实生单株。于 1991 年 11 月被鉴定命名为伏早红。

果实中大，近圆形，纵径 2.11 cm，横径 2.38 cm，百果重 1 183 g，最大单果重 22.6 g。果皮樱桃红色，果点小而密、黄褐色，均匀分布于果面，果梗部呈凹陷肉瘤状，可食率 93.7%，果肉粉红色。质地细密，甜酸适口，富有香气，品质优良，适于鲜食和加工。

树势中等偏强，树姿半开张。一年生枝灰褐色，二至三年生枝铅灰色。皮孔中大，椭圆形，灰黄色。叶片大而厚，卵圆形。幼树生长旺盛，进入结果期后树势中庸。萌芽率 55.9%，发枝率 37.75%，成枝力 3～6 条。花序平均坐果 5.2 个，最多 17 个。结果枝平均长 15.5 cm，果枝连续结果能力为 4～6 年。早期丰产性强，一般栽后第三年即可结果，四年生株产量可达 12 kg 以上，五年生每 667 m² 产量为 1 558 kg，2003 年 10 月对十四年生结果园进行验收，每 667 m² 平均产量 2 553 kg。该品种性状稳定，抗逆性强，较耐瘠薄、早熟、丰产。

（2）伏里红　产自辽宁开原。

果实近圆形，平均单果重 3.0 g；果面鲜红色，皮薄光亮；果点近圆形，黄白色，密度小而显著。果肉粉红色或粉白色，微酸稍甜；肉细松软，可食率 83.9%。每 100 g 鲜果可食部分含可溶性糖 9.05 g、可滴定酸 2.80 g、维生素 C 74.30 mg。抗寒，可早供鲜食与加工。果实 8 月上旬成熟。不耐贮藏，贮藏期仅 15 d 左右。

该品种树姿半开张，呈圆头形。一年生枝灰绿色，皮孔菱形，灰白色，中大，较密；二至三年生枝近灰白色，有光泽。叶片阔卵圆形，长 11.3 cm、宽 11.5 cm，浓绿色，大部分 5～9 深裂，叶尖渐尖，叶缘多复锯齿。树势中强，萌芽率 60.8%，成枝率 42.2%，自花结实率 2.5%，自然授粉坐果率 44.6%。果枝连续结果能力较强，定植后 4 年结果。结果初期以中长果枝结果为主。该品种抗逆性较强，较耐瘠薄，适应性较广。

2. 中熟品种

(1) 面红子 从山东省沂蒙山区山楂资源中筛选出。

果实近圆形，较整齐，平均单果重 12.2 g，最大单果重 18.9 g，纵径 2.06 cm，横径 2.43 cm。果皮鲜红色，果面布有少量果粉，果点中大，黄白色，果梗部肉瘤状。果肉厚，朱黄色，致密稍面，甜酸可口，香味浓，风味极佳，含可溶性糖 10.87%，营养丰富。9 月下旬果实成熟。

树势中强，树姿开张，树冠呈自然半圆形。叶片呈长卵圆形，长 10.5 cm，宽 8.5 cm，5～7 裂，叶片先端急尖，叶基宽楔形，叶缘锯齿粗锐。萌芽率和成枝率均较甜红子高，结果母枝可连续结果 3～5 年，早实丰产性强，三年生幼树即可结果，五年生密植园每 667 m² 产果 1 522.9 kg。该品种抗逆性较强，较耐瘠薄，适应性较广。

(2) 毛红子 从山东省沂蒙山区山楂资源中筛选出。

果实扁圆形，百果重 780～800 g，平均单果重 7.92 g，果实纵径 1.46 cm，横径 1.78 cm。果肉质厚，粉白色，果皮血红色、有光泽，果点小而密、黄白色，果梗部有肉瘤状突起，密布茸毛；果肉贮藏月余后转变为粉红色，肉质细，鲜食甜酸可口，香味浓郁，风味极佳。果实营养丰富，每 100 g 鲜果可食部分含维生素 C 129.43 mg，是一般品种的两倍以上。9 月下旬果实成熟。

树姿开张，树冠扁圆形。多年生枝灰褐色，一年生枝红褐色。叶片卵圆形，叶长 8.1 cm，宽 8.5 cm，叶 5～7 裂，基裂深，叶基近圆形，先端急尖，叶边缘锯齿粗锐。叶面光滑，叶背面有较浓密的白色茸毛。叶柄长 3.0～3.5 cm，粗 0.13 cm，密布长茸毛。树体矮小，具有明显短枝矮化性状。萌芽率 66.7%，成枝率 60.0%，花序坐果 7.18 个，最多 23 个，果枝连续结果能力 4～5 年。幼树第三年开始结果，第四年株产可达 10 kg。该品种抗逆性较强，较耐瘠薄，适应性较广。

(3) 雾灵红 河北省兴隆县林业局 1988 年选育的优良单株，2013 年通过河北省林木品种审定委员会审定。

平均单果重11.7 g，平均每 667 m² 产量 2 500 kg，母枝连续结果能力 3～5 年，丰产、稳产性好。果面光亮、深橙红色、艳丽美观，果肉橙红色，每 100 g 鲜果可食部分含可溶性糖 10.18 g、维生素 C 90.64 mg、总酸 3.72 g、果胶 2.56 g，具备高糖、低酸、低果胶和高红色素的特性，适宜加工成糖水罐头和糖葫芦。9 月下旬成熟。

该品种树势中庸，树姿较开张。结果母枝平均抽生果枝 2.0 条，最多 6.0 条，每个花序平均坐果 8.5 个，按照正常水平栽培管理，雾灵红栽后第四年见果，第五年形成经济产量，第八年进入盛果期，比对照品种燕瓢红提前 1 年结果，具有较好的早果性。该品种抗逆性较强，较耐瘠薄，适应性较广。

(4) 大绵球 在山东省平邑县天宝山上碳沟发现的优良单株。

果实扁圆形，果皮橙红色、有光泽。果肉浅黄或橙黄色，肉质细而面，甜酸适口，平均单果重 14.5 g 左右，含可溶性糖 10.1%，每 100 g 鲜果可食部分含维生素 C 68.3 mg，可食率为 83.1%。9 月中旬成熟，贮藏性差。

该品种树势中庸，树姿较开张。一年生枝条黄褐色，多年生枝条浅灰色。叶片大，有光泽。萌芽率为 55.8%，成枝率为 57.8%。自然授粉花朵坐果率为 64.9%，每个花序平均坐果 10 个。早实丰产，定植嫁接苗第二年见果。在山东省费县密植园第三年平均株产量 8.1 kg，平均每 667 m² 产果 1 287 kg。果枝连续结果能力强。该品种较耐瘠薄，适应性较广。

(5) 秋金星 辽宁省农业科学院园艺研究所 1978 年在鞍山市唐家房镇发现的优良单株，1981 年通过辽宁省林木品种审定委员会审定。

果实近圆球形。果皮深红色，有光泽，果点黄白色，大而明显，似星状分布，以此而得名。平均单果重 6 g。果肉深红色，肉质细，甜酸适口。每 100 g 鲜果可食部分含可溶性糖 11.3%、维生素 C 60 mg。适于鲜食和加工。加工制品色泽艳红，不需另加色素。9 月中旬成熟。

该品种树势较强，幼树较直立，盛果后树姿开张。一年生枝条黄褐色，多年生枝条灰白色。叶片近卵圆形。萌芽率为 45.5%，成枝率为 27.3%。自然授粉花朵坐果率为 44.6%，自花授粉结实率为 24.5%，每个花序平均坐果 8 个。较丰产，成龄大树平均每株每年产果 38 kg，果枝连续结果能力强。该品种耐瘠薄，较抗寒，也是育种的宝贵材料。

(6) 大滑皮 又名滑皮红子，系山东省邹城市地方品种。

果实椭圆形，单果重 9 g。鲜红色，具蜡光，有苞片；果点中大，中多，黄白色；果梗短，梗洼平展，梗直无瘤；萼片开张平展，萼筒中大，漏斗形。果肉红色，质松软，甜酸可口，含可溶性糖 11%、总酸 2.2%，可食率 85%，出干率 31%。9 月中下旬成熟。不耐贮藏，适宜加工。

该品种树姿开张，自然圆头形。一年生枝紫褐色。叶片卵圆形，叶尖渐尖，叶基楔形，5～7 裂，浅裂，叶缘具重锯齿。每个花序平均着生 27 朵花。树势强壮，萌芽率高，成枝率低，果枝平均坐果 9 个，丰产，稳产。该品种较耐瘠薄，适应性较广。

(7) 小货 又名行货，山东地方品种。

果实倒卵圆形，果肩部稍瘦，顶部稍肥大。单果重约 8.2 g；深红色，有光泽；果点淡黄色，稍大，中密，均匀。果梗具茸毛，平均长 1.4 cm，梗洼不明显或偶有小肉瘤，或残留苞片。萼片开张，直立，萼筒窄漏斗状。果肉绿白至黄白色，质地艮硬，酸味浓厚，含可溶性糖 12.1%、酸 3.25%、果胶 3.98%，可食率为 85.5%，出干率为 30%。9 月下旬成熟，耐贮藏，贮后风味有所增进。

树姿开张，扁圆形或自然半圆形。骨干枝灰褐色，枝条较粗软；一年生枝黄褐色。叶片卵圆形或卵形，较厚，浓绿色，有光泽，先端渐尖，基部近圆形或宽楔形，7～9 裂，裂刻深，基部近全缘，先端具大小不一的钝锐交错锯齿，叶背残存淡黄色茸毛。花序大型，有花 30 朵以上。生长势健壮，萌芽力和成枝力均较强。始果期较早，2～3 年即可结果。以长、中果枝结果为主，结果枝平均坐果 4.9 个，自然坐果率较高。丰产、稳产，经济寿命长。该品种较耐瘠薄，适应性较广。

(8) 子母红子　又名红子，山东省平邑县地方品种。

果实扁圆形或近圆形，果肩部和顶部稍瘦，胴部浑圆，平均单果重 6.2 g。深红色，稍有光泽。果点黄色，小而密生。果梗平均长 1.1 cm，梗洼广浅，梗基有半木质化小瘤。萼片紫红色，开张反卷呈五角星状，萼筒广浅，近皿状。果肉乳白色，质地致密，汁液少，味酸。含可溶性糖 9.7%、总酸 3.25%、果胶 3.7%，可食率为 87.1%，出干率 35%。8 月下旬开始着色，9 月下旬至 10 月上旬成熟。耐贮力较差。

该品种树姿较开张，树冠圆头形。骨干枝褐色，枝条较硬，斜向延伸。一年生枝棕黄色。叶片卵形或近椭圆形，较厚，有光泽，绿色，先端渐尖或突尖，基部近圆形或宽楔形，7～9 裂，裂刻浅，叶缘具疏密不等的小钝或粗锐锯齿。花序中大型，有花 25 朵以上。树势健壮，经济寿命长，萌芽力和成枝力均较强。以短果枝结果为主，结果枝平均坐果 2.9 个，自然坐果率较低，结果枝的连续结果能力较强。该品种较耐瘠薄，适应性较广。

(9) 大旺　吉林省磐石市大旺乡地方品种。

果实卵圆形，平均单果重 6.3 g，果皮深红色。果肉粉白至粉红，肉质细，较松软，可食率为 80.1%，甜酸适口。果实 9 月下旬成熟。较耐贮藏。

树形圆头形，树姿半开张，树势强，萌芽力中等，成枝力中等。一年生枝棕褐色，二至三年生枝暗灰色，枝条成熟后自下而上每节上出现明显的红蜡线，叶柄、叶脉亦随之变色。壮枝上的新梢有二次生长现象，在二次生长的交接处，节上的叶片小，节间较密，芽不饱满。皮孔灰白色，椭圆形，叶片平展，阔卵圆形。叶与枝条的夹角较双红的小。叶面有皱，长 11 cm，宽 10 cm，叶多七裂状、下裂、中裂、上裂刻，下裂刻较深，中裂、上裂刻浅。叶缘尖锐稀疏复锯齿，叶基宽楔形，长突叶尖，叶脉棕褐色，芽半贴枝、钝圆，叶片肥大、短尖、黄绿色。果穗下垂，每个花序平均坐果 6 个，种子大。

该品种抗寒，在－41.3 ℃地区栽培无冻害，是寒地栽培区主栽品种之一。

（10）磨盘 辽宁省清原满族自治县地方品种。

果实扁圆形。果实较大，百果重 922 g，平均单果重 10.3 g，最大单果重 14.2 g。果皮深红色，果点较多，黄褐色。果肉粉红，较硬，味酸。含可溶性糖 8.96%、总酸 3.01%，每 100 g 鲜果肉含维生素 C 59.84 mg。可食率为 83.9%，味酸甜。抗寒，适应性强，适于生食和加工。9 月下旬成熟。

该品种树势强健，枝条粗壮，幼龄期树冠呈圆锥形，树姿半开张。生长迅速，五年生树平均高 313.3 cm，冠径 244.3 cm。新梢平均长 78.1 cm。栽植当年发枝 4.6 个，平均长 16.6 cm，翌年发枝 8.1 个，平均长 46.4 cm。干粗增长较快，栽后 5 年干径增长 6.9 倍。一年生枝条深褐色，二年生枝灰褐色，无针刺。叶片广卵形，叶背无茸毛，叶深裂。

该品种较抗寒，耐瘠薄，在辽宁地区栽培无冻害，是寒地栽培区主栽品种之一。

（11）双红 吉林双阳地方品种。

果实扁圆形，平均单果重 5 g 左右，果皮红色，鲜艳，肉质致密，果肉厚、粉红或粉白，甜酸微苦，种子小，可食率为 83.1%。适于制药，9 月下旬成熟。

该品种树形圆头形，树姿开张，树势中庸，萌芽力强，成枝力中等，树体较矮小。一年生枝灰绿色，二、三年生枝棕褐色，枝成熟时红蜡线不明显。皮孔灰白色，椭圆且小。叶片以中脉为中线抱合成平行状，叶面平，叶较小，长 9 cm，宽 3.5 cm，叶受风吹易扭曲。托叶小，不平展，叶尖渐尖，叶缘尖锐稀疏复锯齿，叶脉黄绿色，个别褐色。芽离生，鸭嘴形，芽尖明显离枝指向，顶芽圆柱形、渐尖。果穗上举，平均每穗坐果 8 个左右，多达 14 个。该品种极抗寒，适应性强。

（12）辐早甜　由山东省青州市林业局李永泽和山东省农业科学院原子能农业应用研究所闫安泉等人，于 1984 年用^{60}Co‐γ射线照射敞口山楂育成。

果实正扁圆形，果顶五棱明显，成熟时鲜红色。果肉嫩黄，质细而松软，鲜果可食部分含可溶性糖 14％左右。平均单果重 12 g，不经后熟即可鲜食，酸甜适口。果实成熟期为 9 月下旬。耐贮性较差。

该品种树体健壮，树姿开张。一年生枝紫褐色，多年生枝灰褐色。叶片广卵形。以粗壮短枝结果为主，连续结果能力强。该品种较耐瘠薄，适应性较广。

（13）大白果　云南省江川区农家品种。

果实扁圆形，单果重 12 g。果皮黄色，有光泽。果肉黄白色，可食率为 88％。肉厚，质地松软，味酸甜少苦。每 100 g 鲜果可食部分含可溶性糖 6.9％、维生素 C 41.3 mg。果实成熟期为 9 月下旬至 10 月上旬。适于生食和加工。

该品种树势强健，树姿半开张，树冠圆头形。一年生枝紫褐色，多年生枝灰色。叶片卵形披针状，不分裂。萌芽率为 34％，成枝率为 20％。每个花序平均坐果 7 个左右，果枝连续结果系数为 0.53。该品种较耐瘠薄，适应性较广。

（14）马刚红　辽宁省沈阳市沈北区马刚乡发现的山楂优良单株，1991 年通过辽宁省农作物品种审定委员会审定命名。

果实长圆形，纵径 2.45 cm，横径 2.33 cm。平均单果重 6.5 g，最大单果重 8.5 g。果皮鲜红色，有光泽，果点中小、显著、灰白色。果肉粉红或红色，肉质致密，甜酸，稍有香味，可食率 85.0％。每果有种核 5 个，肾形，黄褐色，种仁率为 36.0％。果实含可溶性糖 9.68％、可滴定酸 2.03％，每 100 g 鲜果可食部分含维生素 C 98.1 mg。果实耐贮藏，一般在通风窖内－2 ℃条件下可贮至翌年 3 月。9 月 20 日左右成熟。

树势健壮，树姿开张。一年生枝呈黄褐色，皮孔圆锥形或椭圆形突起。多年生枝灰白色。枝条上无针刺。叶片呈三角状卵形，叶基宽楔形，叶尖渐尖，叶缘锯齿为细锐状，深裂或中裂刻，叶背无茸毛，叶面有光泽，芽饱满，尖端圆形，贴生。雄蕊 20 枚，雌蕊 5 枚，柱头 5 裂，花药为粉红色，花粉中多，总花序无毛光滑，有副花序，每个花序平均有花 19 朵，最多达 32 朵。该品种抗寒、适应性广，丰产稳产。

3. 晚熟品种

（1）沂蒙红　在山东省沂蒙山区发现的实生单株，2009 年鉴定命名。

果实大，扁圆形，纵径 2.34 cm，横径 3.12 cm。平均单果重 19.37 g，最大 27.3 g。果实顶端萼筒大，萼片卵状披针形，半开张反卷。果皮深红色，颜色鲜艳，果面光滑，富光泽。果肉乳白色，质地致密，风味酸甜浓郁，含可溶性糖 8.85%、可滴定酸 2.15%，每 100 g 鲜果可食部分含维生素 C 66.47 mg。10 月上中旬果实成熟，耐贮藏。

幼龄期树生长旺盛，易抽生强旺枝条。进入结果期后树势中庸，萌芽率 45.89%，发枝率 44.65%，成枝 3～6 条，树姿较开张。一年生枝棕褐色，二至三年生枝铅灰色。叶基近圆形，叶片大而厚，广卵圆形，叶尖渐尖，叶缘锯齿稀锐。叶面平展光滑。早果丰产性好，定植后第三年结果，第四年株产 16 kg 以上，五年生树株产为 22.78 kg。

该品种抗干旱，抗山楂花腐病和白粉病，耐瘠薄，适应性强。适宜在山东、江苏、河北、河南、山西、辽宁等适宜山楂栽培的平原及丘陵地区种植。

（2）甜红子　从山东省沂蒙山区山楂资源中筛选出。

果实中大，整齐，扁圆形，平均单果重 10.2 g，最大 15.6 g，果皮橙红色，果面光滑有光泽，开张或半开张，果肉厚，质细，果点黄褐色，纵径 1.88 cm，横径 2.19 cm，可食率 91.2%。味甜酸可口，具香味，风味极佳。果实所含有机营养和矿质营养丰富，特别是糖酸比值大，较对照品种大金星高出 1 倍以上。10 月上旬果实成熟。适合鲜食。

树姿半开张，树势中庸。一年生枝紫褐色，多年生枝灰褐色。叶片卵圆形，叶缘具稀疏粗锯齿，5～7 裂，裂度中浅。叶面光滑有光泽，叶背主侧脉上布有短茸毛。潜伏芽寿命长，可达 40 年以上。萌芽率 50.3%，成枝率 51.7%。栽植后第三年或高接换头第二年即能开花结果。花序平均坐果 7.6 个，最多 29 个，结果枝连续结果能力为 4.3 年。在一般管理条件下，五年生植株株产平均为 10.3 kg，九年生植株则达 43.7 kg，最高株产 88.2 kg，丰产性强，产量较对照品种大金星高 15.33%。该品种抗干旱，耐瘠薄，适应性强。

(3) 大黄红子　从山东省平邑县小神堂村发现的实生单株。

果实中大，整齐，近圆形。果实纵径 1.97 cm，横径 2.41 cm，百果重 1 020 g。果皮金黄色，光亮美观。果点小而多，棕褐色。果梗部呈肉瘤状。果肉黄白色，质地细密，香甜微酸，口感良好，适于鲜食。果实含可溶性糖 10.2%、可滴定酸 2.03%。10 月上中旬果实成熟，较耐贮藏。

树势强壮，树姿开张。二年生枝棕褐色，一年生枝棕红色。叶片卵圆形，5～7 裂，叶基楔形，叶尖渐尖，边缘锯齿粗锐，叶面光滑，叶背有较多短茸毛。萌芽率 57.35%，发枝率 40.88%，成枝 4～5 条。一、二年生树平均株产 88.8 kg，较对照品种大金星产量提高 17.6%。该品种适应性强，抗干旱、耐瘠薄。

(4) 小黄红子　从山东省平邑县王家沟村发现的实生单株。

果实小，阔卵圆形，纵径 0.86 cm，横径 1.41 cm，百果重 375 g。果皮黄色，果面有少许残留茸毛。果点小，中多，棕褐色。果肉黄白色，质硬，微酸，稍有苦味。根据中国科学院植物研究所对果实的测定分析，果实含可溶性糖 4.34%、可滴定酸 1.56%、蛋白质 0.23%，每 100 g 果肉含维生素 C 63.08 mg，药用价值较高的总黄酮含量高达 1.013％，是一般栽培山楂品种的 3 倍以上。10 月中旬果实成熟，耐贮藏。

树势较弱，树姿开张。一年生枝棕褐色，二至三年生枝灰褐色。叶片广卵圆形，长 8.0 cm，宽 7.5 cm，7～9 裂，叶基宽楔形，叶尖急尖，叶缘锯齿粗锐，叶背布有较多短茸毛。萌芽率 33.5％，发枝率 28.18％。平均每个花序坐果 6.4 个。结果枝可连续结果 3～5 年。定植树第三年开花结果，第四年平均株产 9.8 kg，第五年平均株产 16.2 kg，早果性较强。1998 年对一、二年生树测产，平均株产 48.7 kg。该品种适应性强，抗干旱、耐瘠薄。

(5) 大红子　在山东省平邑县地方镇上碳沟村发现的优良山楂实生单株。

果实特大，倒卵圆形，果实纵径 2.27 cm，横径 2.81 cm，百果重 1 883 g，最大单果重 26.6 g，果皮大红色，果点小而密，黄褐色，分布均匀，果梗部膨大突起，呈肉瘤状。可食率 93.7％，果肉粉红色，自然贮藏月余后转为橙红色。质地细密，甜酸适口，富有香气。10 月上旬果实成熟。

树势中等偏强，树姿开张。一年生枝棕灰色，二至三年生枝棕褐色。皮孔中大，椭圆形，灰黄色。叶片大而厚，广卵圆形。该品种幼树期生长旺盛，进入结果期后树势中庸。萌芽率 52％，发枝率 47.7％，成枝 3～6 条。平均每个花序坐果 4.5 个，最多 18 个。结果枝平均长 16.5 cm，果枝连续结果能力为 4～5 年。早期丰产性强，一般栽后第三年即可结果，四年生株产量可达 13 kg 以上，五年生产量约为 2.48 kg/m²。

适应性强，抗干旱，较抗山楂花腐病和早期落叶病，山楂叶螨危害也较轻。耐瘠薄。

(6) 大扁红　又名扁红子、扁金星，在山东省平邑县铜石镇西王村发现的实生单株。1991 年鉴定并命名。

果实特大，扁圆形，百果重 1 933 g，最大单果重 26.6 g，果点密集，黄褐色，均匀分布于果面。果梗部膨大突起，呈肉瘤状。可食率 93.9％。果肉白绿色，质地细密硬实，酸味浓郁微甜。

10月中下旬果实成熟，适于加工、制干和鲜食。

树势较强，树姿开张。一年生枝棕褐色，二至三年生枝铅灰色。皮孔中大，椭圆形，灰黄色。叶片大而厚，广卵圆形。该品种在幼龄期生长旺盛，幼树易抽生强旺枝条。进入结果期后树势中庸。萌芽率45.89%，发枝率44.65%，成枝3～6条。平均每个花序坐果7.5个，最多28个。结果枝平均长168 cm，果枝连续结果能力为4～5年。早期丰产性强，一般栽后第三年即可结果，四年生植株株产可达16 kg以上，五年生产量为2.78 kg/m²，2003年10月对十六年生结果园进行验收，平均产量4.17 kg/m²。

该品种适应性强，抗干旱，耐瘠薄，丰产。较抗山楂花腐病，山楂蚜虫危害亦较轻。

(7) 辐泉红　由山楂品种秤星红辐射诱变选育的新品种，2010年通过山东省农作物品种审定委员会审定。

果实扁圆形，果实纵径2.01 cm，横径2.52 cm。果实中大，平均单果重11.35 g，最大单果重18.50 g。果皮紫红色，有光泽，果点大且突出、中多、黄褐色。果梗部肉瘤状，上有少量茸毛。果肉厚，紫红色，肉质细，鲜食酸甜可口，香味浓郁，风味极佳，可食率93.50%，含可溶性糖11.85%、总酸2.11%，每100 g鲜果可食部分含维生素C99.76 mg，品质优良，果实10月中旬成熟，极耐贮藏，果实采收后在室温条件下可贮藏4个月以上，果实贮藏后果肉变为红色。

辐泉红树姿开张，树势中庸，多年生枝灰褐色，一年生枝红褐色。叶片卵圆形、绿色，叶片长9.20 cm、宽9.00 cm，先端渐尖，叶基宽楔形，叶缘锯齿粗锐。每个花序有花8～25朵，平均12朵，花冠中大、粉白色。

抗干旱，耐瘠薄，较抗山楂树腐烂病和山楂早期落叶病以及桃小食心虫。适应性强，栽植范围广。

(8) 大金星　山东省临沂市地方品种，与山东省烟台市的红瓤绵系同物异名。

果实扁球形，果顶具五棱，单果重13.5 g，大者可达19 g以上，果实大，品质优良。果皮深红色，有光泽。果肉绿白色至淡红色，肉质细密而硬，味酸微甜，可食率 92.8%。含可溶性糖 11.35%，每 100 g 鲜果可食部分含维生素 C 68 mg。10 月中旬成熟。耐贮藏，一般可贮至翌年 4 月上旬。

树势健壮，枝条粗壮整齐。一年生枝红褐色，多年生枝灰色。叶片大而厚，有光泽，广卵圆形。萌芽率为 48.7%，成枝率 53.6%。自然授粉花朵坐果率 68%，平均每个花序坐果 9 个。早实丰产，在山东费县的密植园中，定植嫁接苗第二年见果，第三年平均每株产果 9.2 kg，第四年平均每株产果 23 kg。果枝连续结果能力强。

该品种适应性强，丰产稳产，是山东省的重点发展品种，全国各栽培区都有引进。

(9) 敞口 山东省青州市及临朐县等地农家栽培良种，济南的黑红也属于敞口品种群，是山东省的代表品种之一。

果实扁球形，平均单果重 10.5 g，果皮红色、有光泽。果顶宽平，具五棱，萼筒倒圆锥形深陷，筒口宽敞，故得名"敞口"。果肉白色，少数淡红色，肉质糯硬，味甜酸、爽口，可食率为 89.1%，每 100 g 鲜果可食部分含可溶性糖 11%、维生素 C 85.3 mg。成熟期为 10 月上中旬。耐贮藏。

树势强健，树姿开张。一年生枝红褐色，多年生枝灰褐色。叶片广卵形。萌芽率为 44.4%，成枝率为 51.7%，自然授粉花朵坐果率为 57.4%，自交亲和率为 6.5%，每个花序平均坐果 7 个。早实、丰产。定植嫁接苗第二年结果，四年生树最高株产量可达 45.8 kg。果枝连续结果能力强。

该品种适应性强，全国各栽培区均有引进，表现良好。

(10) 大货 山东省泰安、历城等地农家栽培良种。

果实方圆或扁圆形，果皮鲜红或紫红，果肉白色至粉红。平均单果重 11 g。肉质细，较松软，糯性，甜酸适口，可食率为 90.9%。每 100 g 鲜果可食部分含可溶性糖 10.1%、维生素 C 68.5 mg。10 月中旬成熟，较耐贮藏。

树势强健，进入盛果期后树冠开张，一年生枝红褐色，多年生枝银灰色。叶片近卵形。萌芽率为 52.8%，成枝率为 54.6%，自然授粉花朵坐果率为 27.6%，平均每个花序坐果 6.2 个，早实，丰产。在山东省费县的密植园中，定植嫁接苗第二年见果，第三年平均株产果 7.6 kg。果枝连续结果能力强。

该品种适应性强，耐旱，较丰产，已引入冀京津栽培区、中原栽培区，表现良好。

（11）白瓤绵球　山东福山、莱西等地的农家栽培品种。

果实圆形，果皮深红或大红色。果肉白色至绿白色，肉质细，较绵软，甜酸适口，可食率为 82.3%。成熟期为 10 月中旬。耐贮藏。每 100 g 鲜果可食部分含可溶性糖 10.1%、维生素 C 63 mg。

该品种树势强健，树冠半开张。一年生枝红褐色，多年生枝浅灰至绿褐色。叶片浓绿，具蜡质光泽。萌芽率为 54.1%，成枝率为 54.9%，自然授粉花朵坐果率为 46.8%，平均每个花序坐果 7 个。结果早，丰产性好。栽植嫁接苗一般 2 年见果，成龄树平均株产果 25 kg。果枝连续结果能力强。

该品种适应性强、耐瘠薄。负载过重时，有隔年结果现象。

（12）短枝金星　在临沂市兰山区义堂镇北屠苏村发现的优良单株。果实扁圆形，平均单果重 11.7 g，果面暗红色。果肉微黄白色，酸甜适中，可食率为 88.5%，含可溶性糖 10.5%。10 月上旬成熟，耐贮藏。可供鲜食和加工。

树体矮小，树姿开张，枝条粗壮，节间短，叶色浓绿。以粗壮的中果枝结果为主。花朵平均坐果率为 81.8%，每个花序平均坐果 6.5 个，多者达 15 个。该品种丰产稳产，适应性较强，适合密植栽培。

（13）大五棱　别名五棱红，1996 年已通过品种鉴定并已在国家工商行政管理总局注册。

果实倒卵圆形，果皮全面鲜红色。果肉粉白至粉红色，肉质细密，甜酸可口，有香味，平均单果重 16.6 g，最大单果重 35 g，是迄今为止我国发现的果实最大的品种。果实可食率为 94.7%，每

100 g 鲜果可食部分含可溶性糖 8.9%、维生素 C 51 mg。该品种的果实成熟期为 10 月上中旬。果实耐贮藏。

树势中庸偏强，树姿开张。萌芽率为 53.2%，成枝率为 48%，果枝连续结果能力为 2.2 年。早实，丰产，定植嫁接苗一般第三年结果，四年生树平均每株产果 5.6 kg，六年生树平均每株产果 27.5 kg，盛果期园每 667m² 最高产量达 4 000 kg。

该品种耐旱，耐瘠薄，较抗花腐病。中原栽培区、冀京津栽培区和辽宁省引入该品种进行栽培，表现良好。

(14) 醴香玉 山东省平邑县廉宝于 1992 年在流峪乡泉子峪发现的优良单株。

果实近圆形，略显高桩，平均单果重 18.7 g。果皮橘红色，果点黄白色，小而稀。果肉黄色，质硬细密，果味甜，微酸，有清香。含可溶性糖 11.6%、总酸 2.05%。果实于 10 月上旬成熟，耐贮藏。适于鲜食和加工。

该品种树姿开展，树势中庸，萌芽率较高，成枝力中等。结果母枝粗壮。每个花序平均坐果 8.6 个。一年生枝条红褐色，多年生枝条浅灰至绿褐色。叶片浓绿，具蜡质光泽。该品种丰产稳产，耐干旱，适应性强，较抗炭疽病和轮纹病。

(15) 星楂（金星绵） 山东栖霞地方品种。

果实圆球形或长圆形，一般圆形果稍大，单果重约 7 g，深红色有光泽。果点黄色，小而密生。果梗平均长 1.2 cm，圆形果的梗洼较深窄，长型果的梗洼较广浅。萼片三角形，红色，开张直立，萼筒较大陡深。果肉乳白色，质地致密稍硬，酸味较强，汁液少，含可溶性糖 11.8%、总酸 3.66%、果胶 3.56%，可食率为 89%，出干率 73%。自然坐果率较高，丰产稳产。果实 10 月上旬成熟。

树姿较开张，树势中庸，扁圆形。骨干枝灰褐色。一年生枝棕褐色。叶片三角状卵形或近椭圆形，绿色，稍有光泽，先端渐尖，基部宽楔形或近圆形，5～7 裂，裂刻深。花序中型，有花 25 朵左右。萌芽力和成枝力均较强。以短果枝结果为主，结果枝平均坐果

5.1 个。该品种丰产稳产，耐干旱，适应性强。

（16）歪把红　山东省平邑县地方品种。

果实倒卵圆形，纵径 2.31 cm，横径 2.30 cm，平均单果重 8.5 g。果皮深红色，果面光滑，果点大、中多，黄褐色。果梗基部一侧有部瘤状凸而明显倾斜，故名"歪把红"。果肉粉红或黄绿色、绵软、细腻、爽口，酸甜适中。贮藏期 180 d 以上。果实 10 月中下旬成熟。丰产，适于加工，也可生食，经贮藏后熟风味变佳。

该品种树势中强，树姿开张。萌芽率 52.72%，发枝率 76.56%，发枝成花率 83.81%。一年生枝紫褐色，多年生枝栗棕色。叶片卵圆形，长 9.3～9.8 cm，宽 10.0～10.7 cm，5～7 裂，裂度中深。叶基近圆形，边缘锯齿圆钝。叶柄长 3～4 cm，粗 0.13～0.15 cm。该品种适应性强、耐瘠薄。

（17）黄红子　山东省平邑县地方品种。

果实阔卵圆形，平均单果重 3.8 g，果皮金黄色，果面布有少量白色短茸毛；纵径 0.86 cm，横径 1.41 cm。果点小密，棕褐色。果肉橙黄，肉质硬，味微酸稍苦，可食率 80.5%。贮藏期 180 d，果肉含黄酮 1.013%。果实 10 月上旬成熟。总黄酮含量是一般栽培品种的 3 倍，其他营养元素也很丰富，是珍稀药用山楂。

该品种树姿开张，树势偏弱，树冠呈自然开心形。一年生枝棕褐色，多年生枝灰褐色。叶片卵口形，裂度中深，叶基宽楔形，叶片先端急尖，叶缘具粗锐锯齿，叶面光滑，叶背布有白色短茸毛。萼片三角卵形，开张反卷。该品种适应性强、耐瘠薄。

（18）面红　山东省平邑县地方品种。

果实大、近圆形、整齐。百果重 1 190～1 250 g，平均单果重 12.2 g。果实纵径 2.06 cm，横径 2.43 cm。果皮鲜红色，果面有少量果粉。果点中大、稀疏，黄白色。果梗部肉瘤状，布有白色茸毛。萼片舌形，半开张或反卷，萼筒中小，圆锥形。果肉厚，朱黄色，致密稍面，可食率 88.6%。种子黄褐色，肾形，种仁中大，单果种子数 4～5 个。果实 10 月上旬成熟。适于生食和加工。

树姿开张，树势中强，树冠呈自然半圆形。二至三年生枝灰白色，一年生枝棕褐色。所有枝条均无针刺。叶片卵圆形，长10.5 cm，宽9.5 cm，5～7裂，裂度中深，叶基宽楔形，锯齿粗锐，叶片先端急尖。叶面光滑，叶背布有短茸毛。叶柄长3.5～4 cm。该品种适应性强，耐旱，丰产。

(19) 磨盘红 山东省平邑县地方品种。

果实扁圆形，整齐一致，纵径1.98 cm，横径2.52 cm，平均单果重9.7 g。果皮紫红色，艳丽有光泽，果点黄褐色，大而明显，分布均匀。果肉细硬，乳白色，味酸甜，既可生食，又宜加工。可食率为83.1%，每100 g鲜果可食部分含维生素C 102.4 mg，贮藏期180 d以上。果实10月上旬成熟。

树姿开张，树冠矮化扁圆，萌芽率为68.7%，成枝率32.1%，结果母枝顶芽以下4～6个侧芽都能抽生结果枝。二十年生树高仅3 m，冠径3.26 m×4.17 m，干周54 cm。一般管理条件下，二十年生树每株产果80～100 kg，最高株产可达170 kg。该品种适应性强，耐瘠薄，丰产。

(20) 泽州红 1978年由山西省晋城市农业局从郊区陈家沟选出。1985年经省级鉴定并命名。

果实近圆形，果面朱红色。果肉粉白色，肉质致密，味酸甜，可食率为83.7%。平均单果重8.7 g。每100 g鲜果可食部分含可溶性糖10.2%、维生素C 91.4 mg，高于一般品种。果实成熟期为10月上旬，贮藏期为100 d左右。适于鲜食和加工。

树势中庸，树姿较开张。二年生枝灰白色，无刺。萌芽率为50%，成枝率为58%，果枝连续结果能力强。早实，丰产。定植嫁接苗两年见果。成龄盛果期树平均株产量为120 kg。该品种适应性强，早实，丰产、稳产，是中原栽培区的主栽品种。

(21) 豫北红 1978年由河南省百泉农业专科学校从辉县的农家品种中选出，1980年命名。

果实近圆形，果皮红色。果肉粉红，肉质松软，味酸稍甜，可食率为86%。平均单果重10 g。每100 g鲜果可食部分含可溶性糖

13.8％、维生素 C 74.3 mg，成熟期为 10 月上旬，较耐贮藏。适宜鲜食和加工。

树势中庸，树姿开张，枝条紧凑。一年生枝紫褐色，多年生枝灰色。叶卵圆形，正面叶脉处有短茸毛。萌芽率为 37.2％，成枝率为 58.1％。自花授粉结实率为 19％。果枝连续结果能力强，一般为 3 年，多者可达 10 年。每个花序平均坐果 4.6 个。早实丰产，定植嫁接苗第二年始果，盛果期大树平均每株产果量为 120 kg，最高单株产量为 500 kg。该品种适应性强、早实、丰产，如今是河南省的主栽品种。

(22) 辽红　辽宁省果树科学研究所 1978 年在辽阳市灯塔县柳河子镇前堡村发现的优良单株，1982 年经辽宁省农作物品种审定委员会审定命名。

果实长圆形，五棱明显，果皮深红。果肉红或紫红，肉质细密，味甜稍酸，可食率为 84.4％。平均单果重 7.9 g。每 100 g 鲜果可食部分含可溶性糖 10.3％、维生素 C 82.0 mg。果实成熟期为 10 月上旬。果实采收后可贮存至翌年 4—5 月。

树势强健，成龄后树姿开张。一至二年生枝棕黄色，多年生枝灰褐色。萌芽率中等，成枝力弱。自然授粉花朵坐果率为 32.4％，平均每个花序坐果 4.7 个。丰产，果枝连续结果能力强。定植嫁接苗 2～3 年结果，十年生树平均每株产果 15 kg。

该品种较抗寒，耐阴，适应性较强，各栽培区都有引种，是辽宁省主栽品种之一。

(23) 溪红　辽宁省沈阳农业大学山楂课题组与辽宁省本溪满族自治县林业局、辽宁省本溪市农委 1984 年在山楂资源联合考察中发现，1994 年通过辽宁省作物品种审定委员会审定并命名。

果实近圆形，平均单果重 8.9 g。果皮红色，果面有光泽。果肉粉红色，肉质硬，每 100 g 鲜果可食部分含可溶性糖 10.5％、维生素 C 53 mg。果实成熟期为 10 月上旬。耐贮藏，在原产地一般窖藏可贮至翌年 6 月。

树冠圆锥形，树势健壮，树姿直立。叶片三角卵形，叶基宽楔形，叶裂较深。萌芽率为 50.0%，成枝率为 66.7%。花序坐果率为 42%，花朵坐果率为 18%。丰产稳产，嫁接苗定植后 3 年始果，4 年普遍结果，七年生树平均株产果 9.8 kg。

该品种抗性强，在土壤瘠薄、年平均气温为 6.2 ℃、绝对低温为 −37 ℃、无霜期为 200 d 左右的气候条件下，无冻害，可正常结果。

（24）兴隆紫肉 河北省兴隆县林业局于 1988 年在该县三道河村发现的优良单株，1990 年通过鉴定并命名。

果实扁圆形，果皮紫红色，有光泽。果肉血红色，肉质细硬。平均单果重 6.7 g，可食率为 81.2%。味酸稍甜，100 g 鲜果可食部分含可溶性糖 9%、维生素 C 91.5 mg。果实成熟期为 10 月中旬，贮藏期可达 240 d。

树势强健，树姿较直立。一年生枝铅灰色，多年生枝灰白色。叶片卵圆形，有光泽。萌芽率为 57.3%，成枝力较弱。自然授粉花朵坐果率为 37.8%。丰产，八年生树平均株产果 20 kg，果枝连续结果能力强。

该品种适应性较强，耐瘠薄，红色素含量极高，是珍贵的加工原料和宝贵的育种资源。

（25）蒸瓢红 河北省西北部农家主栽品种之一，分布范围较广，1981 年经省级鉴定命名。

果实方圆或倒卵圆形，果皮紫红色，果肉粉红色，平均单果重 8 g。果肉致密，较硬，甜酸适口，可食率为 8.7%。每 100 g 鲜果可食部分含可溶性糖 12.3 g、维生素 C 61.7 mg。果实成熟期为 10 月上旬。果实耐贮藏，在一般条件下可贮存至翌年 5 月。

该品种树势健壮，树姿开张或半开张。一年生枝红褐色，多年生枝灰色。叶片阔卵圆形，中脉密生短茸毛。萌芽率为 54.8%，成枝率为 57.6%。自然授粉花朵坐果率为 27.7%，每个花序平均坐果 9.5 个，果枝连续结果能力强。该品种较耐瘠薄，适应性较强。

（26）京金星 北京市农林科学院林果研究所等 1978 年在怀柔

发现的优良单株，1984 年通过鉴定并命名。是冀京津栽培区主栽品种之一。

果实近圆形，果皮大红色，有光泽，果肉粉白至粉红色，质地细稍绵。平均单果重 9.8 g，可食率为 85.8%。每 100 g 鲜果可食部分含可溶性糖 10%、维生素 C 79 mg。丰产稳产，定植嫁接苗一般 2 年见果，成龄盛果期树平均每年每株产果 60 kg。果实成熟期为 10 月上中旬，耐贮藏。适于鲜食和加工。

树势中庸，树姿半开张。萌芽率为 54%，成枝率为 58.5%，以中果枝结果为主。自然授粉花朵坐果率 25%，每个花序平均坐果 5.5 个，果枝连续结果能力强。该品种丰产稳产，适应性强。

(27) 燕瓤青 河北省西北部地方品种。

果实长圆形或倒卵圆形，果皮韧厚，具蜡光，阳面暗红色，阴面紫红色。果实较大，每千克 120～130 个，纵径 2.53 cm，横径 2.65 cm。果点密而中大、金黄色、显著突起。果肩端正，梗洼广浅，稀生长毛。果顶平，显五棱，具皱褶。果肉厚，青绿色，果实 10 月中旬成熟。可食率为 85.38%，果肉含水量 74.5%，制干率 37.99%，100 g 果肉营养成分含维生素 C 74.95 mg、可溶性糖 11.99 g、总酸 3.89 g、单宁 6.25 g、果胶 2.29 g。耐贮藏，在一般贮藏条件下，能贮至翌年 8 月。宜加工成各种制品，也可鲜食及入药。

树姿半开张，树冠呈自然半圆形。一年生枝红褐色、细长较密、有光泽，节间较短，皮孔中大而密、灰白或黄白色、稍突起。二三年生枝红褐或灰褐色，密敷白粉，皮孔大而密。叶片大，阔卵形，6～9 裂，周缘具粗、细锐重锯齿，基部全缘。叶面无毛，其中脉和侧脉密生茸毛，叶柄细长。花朵大，花径 3.1 cm。该品种较耐瘠薄，适应性较强。

(28) 朝新红 辽宁省建昌县地方品种。

果实倒卵圆形，纵径 2.37 cm，横径 2.31 cm，可食率 83.1%。果皮紫红色，果面光滑，果点小而密，灰黄色。梗洼凸、有瘤，萼片闭合、紫褐色，萼筒小而深，直径 5.28 mm。果肉大红或深红色，风味甜酸，平均单果重 6.8 g，果实大小整齐，果形指数 0.77。果实含可溶性糖 8.6%、总酸 4.5%，每 100 g 含维生素 C 76.59 mg，果汁部分含总糖 1.74%、总酸 1.05%、维生素 C 16.59%、单宁 0.087 4%，果实 10 月上旬成熟。耐贮藏。

树势强旺，树姿开张，丰产稳产。萌芽率 49.7%，成枝力 54.2%，新梢长 41.5 cm、粗 0.72 cm，果枝长 10.5 cm、粗 0.46 cm，果枝连续结果指数 1.58，母枝负荷量 26.3 g，花序平均坐果数 4.4 个，坐果率 68.5%，花朵坐果率 11.9%。连续 3 年产量调查结果表明，该品种基本无大小年现象，产量随树龄逐年上升。嫁接苗栽后 3 年有少量结果，第四年普遍结果，八年生树每株产果 8.2 kg，九年生树每株产果 9.1 kg，十年生树高 3.25 m，干周 28 cm，株产 10.3 kg。该品种较抗寒，耐阴，适应性较强。

(29) 寒露红　北京市怀柔区地方品种。

果实倒卵圆形，平均单果重 7.8 g，最大单果重 10.6 g，纵径 2.54 cm，横径 2.57 cm，果皮较粗、深红色、稍有光泽，果点多，大而凸出，灰褐色。果梗中长，梗洼中广而浅，果梗基部有瘤状凸起。萼片披针形，宿存，半开张反卷，萼筒小，呈圆锥形。果肉绿白，质地硬，可食率为 87.5%。果实大小整齐度 0.71。种核数 4～5 粒，有仁率 1%～4%。种子与果肉易分离。10 月上中旬成熟。

树姿较直立，呈圆头形，新梢红褐色，茸毛稀，二年生枝条灰褐色无茸毛，皮孔椭圆形，灰色。叶片中大呈三角状卵形，长 9.39 cm，宽 9.14 cm。叶基呈楔形，叶尖急尖，重锯齿，裂刻深，叶背稀布短茸毛。叶柄长 4.11 cm，粗 0.12 cm，无茸毛。总花梗茸毛稀，有副花序，花冠直径 2.56 cm，花粉多。该品种较抗寒，耐瘠薄，适应性较强。

(30) 滦红　河北省滦平县地方品种。

果实近圆形，有五棱，果个大，大小整齐，平均单果重 10.5 g。纵径 2.81 cm，横径 3.01 cm。果皮鲜紫红色，有光泽。果点灰白色，大而稀，近萼洼处渐密，外形艳丽美观。萼片残存、反卷、绿褐色，基部呈红色，半开张，萼筒小，圆锥形。果梗绿褐色，短或中，梗洼浅广。果肉厚，可食率85.28%，深红色，近果皮和果核处呈紫色，肉质致密，酸甜适口，含可溶性糖9.75%、总酸3.64%，糖酸比2.7:1，平均每100g鲜果可食部分维生素C含量104.9mg，果胶含量7.5%。种子浅土黄色，多数五枚，种仁中大。果实10月上旬成熟，耐贮藏，宜加工。

树姿开张，树势中等，树冠呈自然半圆形，一年生枝红褐色或紫褐色，有光泽，皮孔灰白色，稠密，圆形。二年生枝棕黄色，皮孔菱形。叶片广卵圆形，长9.5cm，宽9.7cm，6～7裂，不对称，裂度中等，叶基宽楔形，裂片先端渐尖，锯齿粗锐，多单锯齿，叶柄长4cm左右，叶柄和叶背的主侧脉红褐色，叶背主侧脉上被短茸毛。花托钟状，有茸毛。每个花序有花14～29朵，平均17.3朵，花瓣白色，五枚。雄蕊两轮，各十枚，内轮花丝短，向内弯曲，外轮花丝长，直立。花药紫红色，花粉黄色。该品种较抗寒，耐瘠薄，适应性较强，较抗病。

（31）寒丰　辽宁省桓仁满族自治县地方品种。

果实近圆形，色泽鲜红艳丽，平均单果重8.41g，果核百粒重25g，种仁率6.6%，果肉粉红，质地细腻，酸甜适口，可食率为82.7%，虽然果实耐贮性略次于其他大山楂，但它适于鲜食，而且加工品的色、味优于其他品种。果实10月上旬成熟。适合加工和鲜食，加工品色泽鲜艳。

树势强旺，新梢红褐色，茸毛稀，二年生枝灰褐色无茸毛，皮孔椭圆形，灰色。叶片大，阔卵形，6～9裂，周缘具粗、细锐重锯齿，基部全缘。叶面无毛，其中脉和侧脉密生茸毛，叶柄细长。该品种抗寒性极强，适合东北地区栽培。

（32）西丰红　辽宁省农业科学院园艺研究所1979年从西丰县成平乡清井村发现的优良单株，1981年命名并通过辽宁省农作物品种审定委员会审定。

果实近扁圆形。果皮紫红色，有光泽。果肉浅紫红色，肉质较硬，味甜酸适口，平均单果重10g。每100g鲜果可食部分含可溶性糖7.5%、维生素C 72.1mg。果实10月上旬成熟，极耐贮藏。

树势健壮，树姿半开张，呈圆头形。一年生枝紫褐色，二至三年生枝分别为灰白色和铅灰色。叶片广卵圆形，有光泽。萌芽率为66%，成枝率为63%。自然授粉花朵坐果率为15%，自花结实率仅1.7%，每个花序平均坐果4个。早实、丰产，嫁接苗定植3年结果，十三年生树平均株产果15 kg，果枝连续结果能力强。

该品种抗寒能力强，在1月平均气温为－22.7 ℃、绝对低温为－41.1 ℃的北纬42°44′地区，一般不发生冻害。对土壤要求不高，适应性强。

(33) 集安紫肉 吉林省集安市地方品种。

果实倒卵圆形或近圆形，纵径2.68 cm，横径2.80 cm。平均单果重9.3 g，最大单果重14.5 g。果皮深红色或紫红色，果皮光滑，有光泽，外观艳丽，果点大、多而突出于果面，黄褐色。果梗长1.21 cm，近基部较肥大，梗洼平或浅；萼筒圆锥形，极小，萼片宿存。果肉粉红色至紫红色，肉质密，甜酸味浓郁，可食率84.6%，含总糖7.4%、总酸2.85%、果酸0.53%、种仁率27.2%。果实10月上中旬成熟。可鲜食或加工，因果皮、果肉紫色，切片也较受欢迎。

树姿开张，树冠呈自然开心形或圆头形。二至三年生枝浅灰色，皮孔圆或椭圆形，密度大，白色。新梢棕褐色，皮孔密、灰白色、圆或长圆形。叶片阔卵圆形，叶尖渐尖，叶缘锯齿粗锐，叶片5～7裂，中度或中深裂。每个花序有18～25朵花，雄蕊20枚，花药紫红色。该品种抗寒能力强，对土壤要求不高，适应性强。

(34) 中田大山楂 中田大山楂从南方野生山楂枝条芽变中选出，原名叫"桂东大果山楂"，于2008年在广西壮族自治区农业厅登记定名为"中田大山楂"。

果实长椭球形有光泽，蜡质厚。一般定植第二年开始挂果。第三年株产20～30 kg，第四年株产为40～75 kg，第五至第六年进入盛果期，株产150～250 kg。三至四年生树以中、短果枝结果为主，成年树长果枝结果能力也非常强，丰产稳产，无大小年结果和采前落果现象发生。自花结实率高，不用配置授粉树。果实 10 月下旬至 11 月上旬成熟。可鲜食或加工。

树体高大，植株长势较旺，萌芽力、成枝力均较强，易形成树冠，结果早。定植后一年生树高可达 2 m，冠幅达 1.5 m，二年生树高为 3.5～4.0 m，冠幅达 3～4 m，3～4 年基本达到所要求的冠幅 4.5～5.0 m 和树高 5.0～5.5 m。枝条密生，长枝多，自然生长时树冠易郁闭。一年生枝较强壮，长度 50～100 cm，初结果树上的一年生枝长度在 100 cm 以上。树皮光滑，皮孔较多，细小、青灰色。新叶淡黄绿色，边缘锯齿明显，成熟叶片较大，平均叶长 13 cm，宽 6.0 cm，嫩叶两面被茸毛，成熟叶正面蜡质明显光亮，叶背面被茸毛。

该品种早果、高产、优质，且抗寒、抗旱、抗污染能力强，对盐碱性土壤的适应性较强。

(35) 长把红　在山东省临沂市平邑县铜石镇大广泉村发现的山楂优良单株，1991 年鉴定并命名。

果实近圆形，果梗部膨大肉瘤状，果梗较一般山楂长 1/3。果实纵径 2.17 cm，横径 2.41 cm，百果重 1 277 g。果皮深橘红色，光滑具光泽。果点黄褐色，中大，均匀分布于果面。可食率 88.7%。果实肉质细腻，硬度较大，甜酸适口。10 月中下旬果实成熟。适于鲜食和加工。

树势中庸，树姿半开张。一年生枝棕褐色，二至三年生枝棕黄色，皮孔中大，椭圆形，黄褐色。叶片广卵圆形，长 11.2 cm，宽 9.2 cm，5～7 裂，裂度中深，叶基宽楔形，叶尖渐尖，叶缘锯齿稀锐。叶面平展光滑，叶色深绿，有光泽，叶背布有较密的短茸毛。叶柄长 5.5～6.4 cm，粗 0.14 cm，布有少量白色茸毛。花冠中大，白色，雌蕊 4～5 个，雄蕊 18～20 个；每个花序有花 10～22 朵，平均 13 朵，最多 27 朵；花药粉红色。结果枝平均长 16.5 cm，果枝连续结果年限为 4～5 年。早期丰产性强，一般栽后第三年即可结果，四年生株产量可达 12 kg 以上，五年生单产为 2.33 kg/m²。

该品种抗逆性强，适应性广，在河北、北京、河南、辽宁、山西、江苏等地栽培，表现良好。

（36）辐早甜 由敞口山楂休眠枝芽经辐射诱变培育的新品种。

果实正扁圆形，少数顶部较平宽，肩部略窄，果形指数 0.73，果顶五棱明显，两突间微凹陷，形成浅纵沟。花萼宿存，果柄粗短。果点较稀而小，多集中于顶部，不带锈斑。果肉嫩黄，质细而松软，含可溶性固形物 22.47%、总糖 13.9%～14.2%、总酸 2.46%，平均单果重 12 g。成熟期 10 月上旬。

该品种树体强壮，树姿开张，结果后转为粗短枝结果为主，连续结果能力强，丰产。一年生短枝紫褐色，徒长枝呈微暗黄褐色，具蜡光，多年生枝灰褐色。叶片广卵圆形，7～9 裂，裂刻中深，叶基广圆形，叶端突尖，叶缘多复锯齿，稀钝。该品种早实丰产，抗逆性强，适应性广。

（37）紫肉红子 山东省平邑县地方品种，1990 年通过专家鉴定命名。

果实扁圆形，整齐，纵径 1.50 cm，横径 2.12 cm，百果重 920 g，最大单果重 13.6 g。果皮紫红色，具光亮。果点黄褐色，中多，大而突出，故又名秤星子。果肉厚，紫红色，肉质细硬，味酸微甜，可食率 91.1%。果实营养丰富，含可溶性糖 7.49%、可滴定酸 2.03%、蛋白质 0.71%、总黄酮 0.62%、钾 0.23%，每 100 g 含维生素 C 79.76 mg。10 月中旬成熟。耐贮藏。

树势中庸，树姿开张。一年生枝红褐色，二至三年生枝灰褐色。皮孔中大，椭圆形，黄白色。叶片卵圆形，长 9.2 cm，宽 9.1 cm，5～7 裂，裂度中深。叶基宽楔形，叶尖渐尖，叶缘锯齿稀钝。叶面平展，叶色深绿，有光泽。叶柄长 3.5～4.1 cm，粗 0.12～0.13 cm。总花梗布有较稀的茸毛。花冠中大，直径 2.2 cm，白色。雌蕊 4～5 个，雄蕊 18～20 个。每个花序有花平均 16 朵，最多 28 朵。该品种适应性广，早实丰产，抗逆性强。

（38）清香红 在河南省淮滨县张里乡麻峪村发现的优良单株，1991 年经同行专家鉴定并命名。

果实倒卵圆形，果梗凹陷处布有白色茸毛。果实纵径2.16 cm，横径 2.37 cm，百果重 1 070 g。果皮光滑、朱红色，具光泽。果点黄褐色，中小，均匀分布于果面。可食率 89.7%。果实甜酸适口，并具爽口的清香味。萼筒中小，圆锥形。萼片三角卵形，闭合或半开张。果实含可溶性糖 10.37%，每 100 g 鲜果可食部分含维生素 C 89.27 mg，为一般品种的近两倍，可滴定酸含量 1.65%，糖酸比值为 6.3，明显高于大金星等一般栽培品种。10月上旬果实成熟。果实适宜生食。

树势中庸，树姿开张。一年生枝棕褐色，二至三年生枝棕灰色，皮孔中大，椭圆形，黄褐色。叶片广卵圆形，长 10.7 cm，宽 9.5 cm，5～7 裂，裂度较深，叶基近圆形，叶尖急尖，叶缘锯齿粗锐。叶面平展光滑，叶色深绿，有光泽，叶背布有较密的白色短茸毛。叶柄长 3～4 cm，粗 0.13 cm，布有少量白色茸毛。花冠中大，白色，雌蕊 4～5 个，雄蕊 18～20 个，每个花序有花 12～25 朵，平均 16 朵，最多 27 朵，花药粉红色。该品种性状稳定，抗逆性强，丰产。

(39) 绛山红　1985 年在山西省运城市绛县中杨乡发现的优良山楂单株。

果实扁圆形，纵径 3.7 cm，横径 4.0 cm，百果重 1 628 g，最大果重 23 g，果皮深红色，有光泽，果点中小、显著、发白色，果梗短，梗洼中深，果顶宽平具有五棱，萼片宿存，果肉粉白色，肉质较密，味酸稍甜，可食率 90%。果实含可溶性糖 11.07%、总酸 3.7%，平均每 100 g 鲜果可食部分含维生素 C 72.14 mg。10月中下旬成熟。果实耐贮存，一般通风窖可存至翌年 3 月。

一年生枝条呈红褐色，皮孔圆形或椭圆形突起。多年生枝灰白色，叶片呈三角卵形，叶基宽楔形，叶尖渐尖，叶缘锯齿为细锐状，深裂刻，叶背无茸毛，叶面深绿有光泽。该品种丰产稳产、抗旱、抗寒、适应性广。

(40) 算盘珠红子　在山东省平邑县的小广泉村和红峪村发现短枝矮化实生单株，1991 年通过专家审定命名。

果实扁圆形，果个中等、整齐，百果重 679 g，果实纵径

1.34 cm，横径 1.84 cm，果皮鲜红色，光亮，果点大而突出，黄褐色，果肉白绿色，质细硬，耐贮藏。10 月上中旬果实成熟。

幼树生长旺盛，进入结果期后树势中庸，树冠紧凑，树姿开张。萌芽率 52.8%，发枝率 45.5%，其中短枝 91.3%；花序平均坐果 5.82 个，最高 27 个，结果枝平均长 11.5 cm，结果母枝可连续结果 4～5 年。早期丰产性强，一般栽后 3 年即可结果，四年生株产可达 10 kg 以上，五年生每 667 m² 产量为 1 822 kg。该品种抗旱，耐瘠薄，适应性强，较抗白粉病和花腐病，叶部病害也较少。

(41) 橘红子 在山东省平邑县的小广泉村和红峪村发现短枝矮化实生单株，1991 年通过专家审定命名。

果长圆形，果个中大、整齐，纵径 2.26 cm，横径 1.98 cm，百果重 1 152 g；果皮橘红色，光滑具鲜艳光泽；果点小而多，黄褐色；果肉黄白色，肉质细密，酸甜适口；耐贮藏。10 月上中旬果实成熟。

幼树生长旺盛，进入结果期后树势中庸，树冠紧凑，树姿开张。萌芽率 49.8%，发枝率 43.3%，短枝率 84.7%～89.2%；结果枝平均长 13.6 cm，结果母枝的顶芽及以下 3～4 个侧芽可抽生结果枝；平均每个花序坐果 5.37 个，最多 23 个。早期丰产性强，一般栽后 3 年即可结果，四年生株产可达 10 kg 以上，五年生每 667 m² 产量为 1 564 kg。该品种抗旱，耐瘠薄，适应性强，具有较强的耐涝性。

(42) 沂楂红 1983 年在山东省平邑县王家庄村发现的优良单株，1991 年通过专家审定并命名。

果实特大，整齐，平均单果重 15.8 g，果皮深红色，果面较光滑。果点大而突出，黄褐色，果肉白绿色，质细硬，10 月中旬成熟。

树冠开张，树势中强，萌芽率 42.89%，发枝率 44.62%，成枝力中等（3～4 条）。定植第三年开花结果，花序平均花朵数 22.2 朵，自然授粉坐果率 23.7%，花序平均坐果 5.3 个。结果枝可连续结果 4～6 年，十年生树株产 71.8 kg。该品种早实丰产，抗旱，耐瘠薄，适应性强。

(43) 大歪把红　从山东省平邑县青杨庄村西山果园发现的优良单株，1991 年专家审定并命名。

果实特大，整齐，平均单果重 17.32 g。果皮深红色，果面光洁。果肉细、乳白色，贮藏 1 个月后呈粉红色，质地绵软。可食率 92.7%，味酸甜。果实耐贮藏。10 月下旬成熟。

树姿开张，生长势强，枝条粗壮。萌芽率 52.72%，发枝率 76.3%，成枝力 4～5 条。结果枝平均长 13.2 cm，顶芽及其 2～3 个侧芽都能成花结果。结果母枝连续结果能力强，平均为 5.2 年。平均每个花序花朵数 24.6 朵，自然条件下花朵坐果率 25.1%，平均每个花序坐果 6.2 个。定植第三年开始结果，四年生株产 15.6 kg，五年生株产 31.8 kg。

该品种适应性强，抗旱耐瘠，早果丰产性好，无论在平原还是山地丘陵，只要加强管理，都可获得丰产。

(44) 超金星　山东省平邑县廉宝发现的优良单株，其果形、色泽、熟期皆酷似大金星，但果实大小、风味、丰产性、耐贮性等综合性状优于大金星，故名"超金星"。

果实近圆形，平均单果重 18 g，果皮深红色，果点小而稀，果面鲜艳光洁，果肉浅黄白色，无青筋，肉质细密、较硬，肉厚，甜味较浓，可食率 92.5%，品质佳；含可溶性糖 11.3%、总酸 2.12%。果实 10 月上中旬成熟，甚耐贮藏，常温下贮期可达 170 d，品质如初。10 月中旬成熟。

树势中庸，萌芽率和发枝力中等，叶片大而亮，自然坐果率较高，果穗较大，平均每个花序坐果 8～9 个。该品种耐旱能力强，抗白粉病、炭疽病，适应性较广。

(三) 苗木繁育技术

山楂繁殖多采用无性繁殖，是利用山楂的营养器官（枝或芽）的再生作用繁殖出新植株的一种繁殖方法，这种繁殖方法既快速、简便，又能保持母株的优良性状。生产上一般采用嫁接方法进行。因此，山楂的苗木繁育包括砧木苗的培育和嫁接两个方面。

1. 种子的选择、检验和处理

（1）种子的选择 不同类型的山楂种与品种，含种仁率、发芽率、抗性等都有明显差异。大多数栽培山楂含种仁率低（10%～20%），抗性相对较差，很少采用。实生山楂含种仁率较高（60%～80%），但是资源有限。我国野生山楂品种分布广泛，便于采集，含种仁率较高，适应性强，是培育山楂砧木苗最理想的种子资源（表1-1）。

表1-1　山楂种子的选择

当地名称	产地	千粒重（g）	含种仁率（%）	矫正发芽率（%）
野山楂	山西绛县	80.6	62.0	16.20
实生山楂	山西太谷	—	74.0	50.52
小绿山楂	山西临汾	—	80.0	18.31
野山楂新2号	山东烟台	67.0	61.3～74.6	40.80～74.60
小红楂	山东青州	—	60.0	—
历楂1号	河南方城	25.3	100.0	—
栾川3号	河南栾川	154.5	80.0	—
孔杞	河南辉县	149.0	80.0	—
小山里红	辽宁开原	—	81.8	—
附山楂	山西晋城	—	73.0	17.98

（2）种子处理 山楂的砧木多采用实生苗培育技术。采集成熟山楂果实，用碾子将果肉压开（切不可压伤种子），然后用水淘搓，除去果肉和杂质，再将净种放在缸内用凉水浸泡，每隔1 d换一次水。从缸内取出山楂种子，趁湿度足够进行沙藏。将种子与湿沙混拌均匀（湿度以手握成团不滴水、松开不散为宜），放入挖好的坑内。坑挖在向阳背风处，深度、宽度、长度视种子多少而定。将混

好的种沙放在坑底摊平，然后在种子上方搭放一层木棒，木棒上放一层薄包或席头，并在坑的中间立一把秫秸作为通气孔。然后将土填回坑内，并稍高于地面，以防积水。种子沙藏至翌年4月初（清明前后）开坑取芽播种，种子发芽率可达95％以上。

此外山楂种子还可以采用变温沙藏法处理。这种方法用于干种子，即将纯净的野生山楂种子浸泡10昼夜，每天换水一次，后再用开水：凉水＝2：1（体积比）的温水浸泡一夜，第二天捞出暴晒，夜浸日晒，反复5～7 d，直至种壳开裂达80％以上时，将种子与湿沙混匀进行沙藏。上述方法适用于早秋，深秋可用以下方法：将净种子用开水：凉水＝2：1（体积比）的温碱水（每500 g种子加15 g食用碱）泡一昼夜，而后用开水：凉水＝2：1（体积比）的温水泡4 d，每天早晚各换温水一次，夜泡日晒，有80％种壳开裂时即可沙藏。沙藏坑挖在向阳处，深1 m，宽60 cm，长度视种子多少而定；将混有湿沙的种子在坑内铺25 cm厚，上再盖5 cm的湿沙；坑口用秫秸盖严，覆土30 cm；坑两头各立一把秫秸通风换气。第二年3月中旬开坑检查，萌芽即可播种。

（3）出苗后管理　播种后15 d幼苗出土，当苗长到2～4片真叶时，进行间苗补稀，株距一般定为15 cm，幼苗期因地温较低不宜过早浇水，可划锄保墒，提高地温。当苗木基本木质化后，5—6月进入速长期，可追施化肥，每667 m² 追施尿素5 kg或者磷酸二铵10～15 kg，6月下旬至7月上旬再追肥1次，每次追肥后要配合浇水、松土、除草保墒等田间管理。

幼苗长到4～5片真叶时，进行间苗和移苗补苗。一般按株距10 cm定株留苗，间苗时要去劣留壮，经常中耕除草，保持苗圃土松草净。幼苗长到10 cm高时，可追施1次尿素，每667 m² 用量10 kg，最好结合灌水或雨后进行。及时防治病虫害，山楂苗易感染白粉病，一般6月初开始，每周喷1次石硫合剂，共喷3～4次，效果良好。对山楂绢粉蝶等食叶性害虫，可喷布敌百虫防治。对平茬再生的萌蘖苗，要去弱留强，当苗高40 cm时，摘心处理有利于加粗生长。

2. 嫁接苗培育

（1）**砧木选择** 我国山楂砧木资源丰富，不同类型的砧木对环境的适应性不同。各地应选择对本地区生态条件适应性强、生长健壮、嫁接亲和力强的砧木类型，才能更好地满足山楂栽培的要求。北方寒冷地区应着重选择抗寒能力强的砧木；盐碱土壤地区应选择抗盐能力强的砧木；在土壤肥沃的地区选择有矮化性状的砧木；在山区条件下选择抗旱能力强的砧木。

（2）**接穗选择** 我国栽培山楂品种类型繁多，果品品质、丰产性、抗寒性、抗盐碱性等性质差别很大，应选择适应本地区环境条件的优良山楂品种作为品种接穗，一般可在健旺、丰产、无病虫害的初果或盛果期树冠外围，剪取生长充实、芽饱满的当年生已木质化的发育枝条作为接穗。夏、秋季采下的接穗，应立即剪除叶片，保留叶柄，每50～100根扎成捆，用湿布包起来，外裹塑料布，置于阴凉处贮藏备用。落叶后剪采的接穗，应选择背阴处挖沟埋在湿沙中贮藏，温度在0～10℃，以备翌年春天嫁接时使用。

（3）**园地选择** 山楂树抗性较强，对气候要求以冷凉湿润的小气候为宜。山楂对土壤要求不严，以沙性土为好，在黏性或盐碱性土中生长发育不良，以中性或微酸性土为最好。苗圃地应选择土质肥沃、疏松和排灌水条件良好、交通方便的地块，不宜选择地势低洼、土质黏重的地块或盐碱地。另外，苗圃地不宜连作，避免重茬，因为连年育苗对地力消耗过大，易发生病虫害，使苗木生长不良。

（4）**嫁接方法** 山楂苗嫁接能否成功，首先取决于接穗的质量、嫁接时间和嫁接技术。芽接自7月中旬开始；枝接在春季砧木树液流动后进行，一般在惊蛰至谷雨期间进行。在苗圃中培育山楂多采用芽接法和切接法。若砧木较粗，可采用劈接法或腹接法。芽接法节省接穗、操作简便、成活率高，故大量繁殖苗木多用芽接法。

具体方法有如下两种。

T形芽接法：①削芽。先在芽上0.3～0.5 cm处横切一刀，切透皮层深达木质部，再由芽下1 cm处由下而上、由浅入深，斜削入木质部，直削到芽上横切口处，呈上宽下窄的小盾形芽片，用左手拇指和食指取下芽片。②切砧。选地径大于 0.5 cm 的砧木，选择距地面 3～5 cm 的光滑部位，先用芽接刀横切一刀，长约 1 cm，深达木质部，再与之相垂直纵切一竖刀，长约 1 cm，使之呈 T 形。③插芽。用刀尖挑开砧木上切口的皮层，用刀尖左右一拨，轻微撬开砧木上切口的皮层，随即将盾形芽片插入，注意使芽片叶柄向上，接芽上切口应与砧木横切口密接。④绑缚。用长 15～20 cm 的麻、蒲草或塑料条带，先从芽的上端绑起，逐渐向下缠，芽和叶柄要留在外面不要绑住，然后打上结。

带木质芽接（嵌芽接法）：在接穗、砧木尚不离皮时可使用此方法。削芽时，先在芽的下方 1 cm 处斜向上切削，达枝条粗度的 33%左右，成一短削面，再在芽的上方 0.5 cm 处，用右手拇指压住刀背，由浅至深向下推达木质部 33%为止，芽接刀达到短削面刀口时，用左手拇指和食指取下带木质部的芽片。在砧木离地 5～10 cm平滑部位处，带木质部向下削一切面，长度与接芽相同，然后再斜切去切面长度的 25%，迅速将接芽插入砧木切口，使接芽与砧木切口对齐，用塑料条绑紧。

（5）嫁接后的管理　① 检查成活。接后 1 周左右，即可检查其成活与否，没有成活的应立即进行补接。②解绑。一般在第二年春季剪砧时除去绑缚物。③剪砧。第二年的春季树液流动、接芽萌动前，在砧木 T 形横口上方 0.5～1.0 cm 处剪砧，剪口要平滑并稍向接芽一面倾斜，以利愈合。在剪砧的同时，如发现有未成活的，要立即进行补接。④除萌芽。剪砧后从砧木各部位常萌发一些萌蘖和根蘖，凡接口以下发出的萌蘖都需及时抹除，以免影响新植株的生长。⑤防治病虫害及肥水管理。嫁接成活后，愈伤组织幼嫩，应加强对病虫害的防治，加强肥水管理，及时除草松土、施肥浇水。

山楂成花容易，花芽量大不利于高产优质，修剪以疏为主，放缩结合。剪除发育枝和细弱母枝，不留预备枝。选留健壮母枝，直径 0.5 cm 以上最佳，每平方米投影母枝 120 个。山楂连续结果能力较强，结果母枝 3～5 年回缩更新 1 次，复壮树势，每年回缩量不超过全树 1/3。

（6）病虫害防治 壮树是根本。合理负载，消除结果大小年，培育健壮树势，增强抗病虫能力。搞好果园卫生，降低病虫害发生基数，选择无公害药剂防病治虫。萌芽前，全树喷 1 遍石硫合剂；花蕾期防治白粉病，全年无危害，选择三唑酮或腈菌唑；7 月下旬防治桃小食心虫，选择吡虫啉或毒死蜱。干腐病、叶螨、天牛等其他病虫害视发生情况防治。

3. 营养苗培育

优良母树的选择：根据所需要的山楂树品种，选择树势旺盛，树体健康，果树品质优等的树为母株，进行下一步营养苗的培育。

（1）断根育苗 断根刺激山楂树根系上的不定芽萌发，是培育根蘖苗的方法。在秋后封冻前或春季解冻后，在树冠投影下方，挖深 50 cm、宽 30 cm 的育苗沟，切断直径小于 2.0 cm 的侧根，削平断根截面，回填松散湿土，盖住断根。根蘖萌发生长，到 25～30 cm 时开始间苗，去弱留强，及时施肥和浇水。苗高 1 m 左右，长出自生根，就可以出圃。

（2）归圃育苗 归圃法育苗是将母树上生出的根蘖苗集中到苗圃培育。苗木归圃后，加强肥水管理，苗木生长健壮，根系发达，栽培成活率高。

4. 苗木出圃

（1）挖苗 在晚秋和春季均可挖苗。晚秋宜在落叶后至封冻前进行，早春宜随挖随栽。挖苗前，如果土壤干旱，应提前 3～5 d 浇透水。挖苗时切忌伤根过多，至少应保存几个 20 cm 长的侧根。用拖拉机带起苗犁起苗，既省工又能保证苗木根系的长度，应推广使用。挖苗时，要避免碰伤地上部分，根系伤口有毛茬时应剪平，以利于愈合。起苗后经消毒处理过的苗木，如不及时栽植，就要进行假植或采用其他方法贮藏。假植时，可以每排放置同种、同级、同样数量的苗木，有利于苗木以后的统计调运。

（2）假植　秋季起出的苗木，在春季定植或需外运的，须在土壤冻结前进行假植。假植有临时假植和越冬假植两种。①临时假植，是起苗后不能及时出圃栽植时采取的临时保护苗木的措施。假植时间较短，可就近选择地势较高、土壤湿润的地方挖一条浅沟，沟一侧用土培成斜坡，将苗木沿斜坡逐个码放，树干靠在斜坡上，根系放在沟内，将根系埋土踩实。②越冬假植，是苗木秋季起苗后至翌年春季才能出圃，需要经过一个冬季而采取的假植措施，宜采用假植沟埋藏。其方法是：选避风、干燥、平坦、排水良好、离苗圃近的地方挖假植沟。沟宽 1.0～1.5 m，深 60～70 cm，南北延长，东西排列，长度不限。将苗木向南成 45°倾斜。排放在假植沟里，根部以湿沙土填充埋压，培土高度应达到干高的 1/2～2/3。假植时，每层苗不宜过厚。为使沙土与苗根密结，可适当灌水，使其沉实。假植沟的四周要挖好排水沟。苗木少时，可将苗木藏于窖内，根部用湿沙培实。春暖时要经常检查，防止栽前发芽或发霉。

（3）苗木的贮藏　苗木的贮藏是指在人工控制的环境中对苗木进行控制性贮藏，可掌握出圃栽植时间。苗木贮藏一般是低温贮藏，温度 0～3 ℃，空气湿度 80%～90%，要有通气设备。一般在冷库、冷藏室、冰窖、地下室贮藏。在温湿度适宜及通气状况良好的场所，苗木可贮藏 6 个月左右。

（4）苗木的包装和运输　短途运输的山楂苗，一般每 50～100 株一捆，根部用保湿材料包严。运输时间为 1 d 以上的苗木，必须细致包装，根部应充填湿草以保持一定湿度。运输途中要经常检查，发现干燥应及时喷水。

（四）规划与建园

1. 园地规划

（1）环境条件

① 空气。山楂的呼吸作用和光合作用需要依赖大气。若大气受到污染，必然会给山楂树带来直接与间接的危害。因此，山楂园

址的空气质量，必须符合 NY/T 391—2013《绿色食品 产地环境质量》中的空气质量要求（表 1-2）。

表 1-2 生产绿色及有机果品空气质量要求

主要污染物	任何一天平均	任何小时平均
总悬浮颗粒物（mg/m³）	≤0.30	—
二氧化硫（mg/m³）	≤0.15	≤0.50
二氧化氮（mg/m³）	≤0.08	≤0.20
氟化物（μg/m³）	≤7	≤20

② 土壤。山楂对土壤要求不严格。就土质而言，山地砾质壤土，平原黏壤、沙壤以及冲积土、风积土和河滩土等均可，但以沙壤土为最好，在黏重土壤中生长较差。就地势而言，山楂在山地、丘陵和平原都能生长，但地势过于低凹、土壤含水量过大时，容易旺长，结果情况较差，病虫害严重。就土壤酸碱度而言，山楂适应中性或微酸性土壤，土壤 pH 一般不要超过 8，在盐碱地生长较差，当土壤含盐量达到 0.2% 及以上时，少数植株叶片黄化，多数植株叶片变褐，进而发展至焦枯落叶。就海拔高度而言，以 500～700 m 为最好。就土壤厚度而言，山楂在土壤深厚的地方发育良好，在土层较浅的山区也能正常生长，即使下层有风化的母岩如酥石硼、糟石粒等，山楂树也能正常生长，但是，土层薄且下面有横石板的话，山楂树生长不良，这种地块不宜选为山楂园地。坡度一般不应超过 30°，较为理想的坡度为 5°～20°。缓坡可分为三个坡段，一般以中、下坡栽培山楂最好，因为中、下坡土层厚，水土较易保持，上坡土薄、坡陡，水土易流失。坡向对山楂的生长发育有一定影响，在我国，春季南坡地温升高得快，山楂萌芽、抽枝、开花等物候期来得较早，而且光照充足，果实着色好，品质优良。但到冬季易发生日烧病，生长季节水分蒸发较快，容易发生旱象。北坡一般日照状况较差，温度较低，蒸发量小，但土壤含水量较充足，植被覆盖率高，水土流失较少，土壤有机质含量也较高，因

此，山楂树较宜在北坡种植。

土壤是绿色植物的基质。土壤被重金属污染后，重金属在土壤中残留、聚集，就会表现出毒害效应。土壤受到污染，通过食物链影响植物的生长、产量和质量，最终危害人体健康。因此，山楂园地必须选择建在未被污染的土壤环境中，土壤中重金属的含量必须符合 NY/T 391—2013 的规定（表 1 - 3）。

表 1 - 3　生产绿色及有机果品土壤污染物限值（mg/kg）

项目	指　　标		
	pH<6.5	6.5≤pH≤7.5	pH>7.5
镉	≤0.30	≤0.30	≤0.40
汞	≤0.25	≤0.30	≤0.35
砷	≤25	≤20	≤20
铅	≤50	≤50	≤50
铬	≤120	≤120	≤120
铜	≤100	≤120	≤120

转化以后的土壤肥力，应满足 NY/T 391—2013 标准中Ⅰ级或Ⅱ级肥力要求（表 1 - 4）。

表 1 - 4　生产绿色及有机果品土壤肥力分级指标

项目	Ⅰ级	Ⅱ级	Ⅲ级
有机质含量（g/kg）	>20	15~20	<15
全氮含量（g/kg）	>1.0	0.8~1.0	<0.8
有效磷含量（mg/kg）	>10	5~10	<5
速效钾含量（mg/kg）	>100	50~100	<50
阳离子交换量（cmol/kg）	>20	15~20	<15

③ 水。山楂对水分变化的适应性较强，有较强的抗旱性和一定的耐涝性。年降水量为 600~900 mm 的地区，一般都可满足山楂生长发育的需要。在多水地带也能生长良好，但易旺长。短时间积水，也不会造成很大的影响。山楂的耐旱性较强，与其根系水平分布广阔和叶片水分蒸发相对较少有关。但是，它的耐旱力也有一

定范围，在土壤含水量达到山楂树正常生长的临界点时，就需要适时灌水。山楂生长过程所涉及的水体，除自然降水外，主要包括地面水和地下水。水体的污染源，主要为食品加工工业、纺织印染工业、化工工业、造纸工业、皮革制造业、电镀生产业等。水体的污染物，主要包括悬浮物、有机污染物、营养物、细菌及重金属。山楂食品安全生产中的灌溉水质，必须符合 NY/T 391—2013 标准中的规定（表 1-5）。

表 1-5　生产绿色及有机果品灌溉水质要求

项目	pH	氟化物 (mg/L)	总汞 (mg/L)	总砷 (mg/L)	总铅 (mg/L)	总镉 (mg/L)	六价铬 (mg/L)	化学需氧量 (mg/L)	石油类 (mg/L)
指标	5.5～8.5	≤2.0	≤0.001	≤0.05	≤0.1	≤0.005	≤0.1	≤60	≤1.0

④ 光照。山楂是喜光植物，但也较耐阴。据观察，其所需日照时数，夏季为晴天树冠外围日照 5～7 h，树冠内能获得 3 h 以上的直射光，即可内、外结果良好。结果部位位于冠顶、冠围，形成球面结果，外围枝条粗壮，叶片大而厚，色泽浓艳，坐果率高。所谓较耐阴，主要表现在内膛光照不良的情况下，一般 0.3 cm 粗的细弱果枝也能结果，但花质差，花序中花朵数少，坐果率低或"花而不实"。据对自然生长结果大树的调查，冠围产量一般占全树总产的 90%～95%，内膛只占 5%～10%。据测定，冠围照度达到 48 000 lx 以上时，花枝率达到 65.4%，花序坐果率为 88.9%，每个花序平均坐果数为 5.36 个。而内膛照度达到 2 000 lx 左右时，则花枝率、花序坐果率、每个花序平均坐果数分别为 18.4%、23.7% 和 0.26 个。

（2）基础规划　山楂的生命周期长，为了获取最大而稳定的效益，必须在建园之初进行详细规划。规划原则是省工高效，充分利用土地，便于生产管理。园地规划主要包括水利系统的配置、栽培小区的划分、防护林的设置以及道路、房屋的建设等。

① 作业小区。作业小区的合理划分，应根据地形、方位、面积和便于科学管理的原则，灵活操作。划分一般应满足以下要求：一个作业小区内的土壤、光照等基本条件大体一致。一个作业小区

不宜跨过分水岭或沟谷。在地形切割较为剧烈和起伏不平的丘陵山地，作业小区的面积可为 $1\sim2\ hm^2$；平原地大型山楂园作业小区面积可为 $3\sim7\ hm^2$。作业小区的形状一般为长方形，这是因为在使用机械作业时，较长的单程可减少往返次数，提高效率。在平原，作业小区的长边应与有风害的方向垂直。在山地，作业小区的长边必须与等高线平行。

② 道路及建筑物。山楂园的道路系统，由主路、干路和支路组成。主路要位置适中，能贯穿全园，便于运送果实和肥料。山地主路，可环山而上或呈"之"字形上升。干路需沿坡修筑，一般为作业小区间的分界线。支路适合在顺坡的分水线上筑路。道路的宽度，不论是平地还是山地，主路宽 $5\sim6\ m$，须能通过大型运输汽车；干路宽 $4\sim5\ m$，须能通过小型运输汽车和拖拉机等；支路宽 $2\sim4\ m$，是人行通道和小型机械的通道，在梯田地，可利用边埂作人行小道，一般不需另行专修支路。

山楂园的辅助建筑物，主要包括管理用房、贮藏库、农具室、药物配制场和包装场等。在山地山楂园，包装场和贮藏库应设置在地势较低的地方，药物配制场宜设在较高处比较安全。在平原地山楂园，包装场和药物配制场宜设在交通方便处，最好设置在小区的中心。

③ 防护林。防护林具有降低风速、调节温湿度、减轻风害与冻害、保护山楂树正常生长发育和保持水土的作用。位于坡地上部的山楂园，宜采用大、中、小三种不同高度的树冠组成不透风林带。而位于平地与谷地的山楂园，宜采用一层大乔木组成林带，或采用一层大乔木加一层灌木两层结构的透风林带。防护林的设置，应依据山楂园的面积、地形、地势和常年主风向等因素而定。大型山楂园的防护林，一般包括主林带和副林带。主林带应与当地风害或常年大风的风向垂直。在一般条件下，主林带之间可间隔 $300\sim400\ m$。在风沙大和沿海台风地段，可间隔 $200\sim300\ m$。主林带的行数应视当地风速、地形和边缘林等情况而定。副林带应与主林带垂直。副林带的间距一般为 $500\sim700\ m$，风大地区可缩减为 $300\sim400\ m$。山地山楂园地形复杂，应因地制宜地安排，其迎风坡林带

宜相对较密，背风坡林带可相对较稀，并应与沟、渠、道路和水土保持工程等相结合来设置。小型山楂园，可以只设环园林。防护林的树种配置，宜选用生长迅速、树体高大的乔木，枝多叶密的灌木以及寿命较长、抗逆性强、与山楂树无共同病虫害且根蘖少、不串根、具有一定经济价值的乡土树种。严禁选用松、柏和桐等易造成山楂病虫害发生的树种。

④ 灌溉系统。灌溉系统规划的内容是蓄水、输水和园地灌溉。在丘陵山地山楂园，应选溪流不断的山谷或三面环山的凹地修建小水库和小塘坝。其位置一般应高于园地，以便于自流灌溉。如果水源为河流，或山楂园建在河岸处时，应引水入园。园地的输水系统包括干渠和支渠。干渠的走向，应当与作业小区的长边一致。输水支渠的走向，则与小区的短边相一致。现代化果园的灌溉渠道，均采用有孔的管道埋于园中。在梯田地带，灌溉渠道都可以排灌兼用。近年，国内外现代果园的灌溉技术发展很快。诸如地下管道浸润灌溉、土壤网灌溉、负压差灌溉、喷灌和滴灌等，有条件的地区可以根据实际情况选用。

2. 培育壮苗

山楂苗木的优劣，对果实的品质、产量、产期、抗性和寿命等多方面性质，有着重大的影响。保证苗木品种纯正、生长健壮、成本低廉的方法，就是自己培育良种壮苗。

(1) 砧木苗的培育 我国幅员辽阔，气候土壤差异不小，必须选用与当地气候条件相适应的砧木，才能达到预期的效果。山楂砧木苗的选用，一般应具备两个条件。一是与接穗的亲和力强。大多数北方山楂品种，都属于山楂种中的大果山楂亚种，它们与山楂植株嫁接亲和力最强，同属不同种的植株嫁接时亲和力稍差，同科不同属的植株嫁接时亲和力也较差。二是砧木必须适应当地的生态条件。在温度较低的地区建园，不但接穗应选用耐寒品种，砧木也应采用抗寒性强的品种，如毛山楂、光叶山楂和辽宁山楂等。在干旱的西北地区，可采用抗旱性较强的甘肃山楂、阿尔泰山楂等品种作砧木。在高温、高湿的南方，则应选用适应湿热条件的砧木，如云南山楂、湖北山楂、野山楂和华中山楂等。山楂属植物在我国各地都有分布，各地应采用"就地取材、就地利用"的选砧方法，这样选出的砧木，既能适应当地气候条件，又与当地栽培山楂的亲和力强，还可以充分开发当地丰富的种质资源。

① 种子苗砧。

A. 硬壳处理。山楂种子经一个冬季的沙藏，一般并不萌芽，表现出发芽困难的现象。主要原因包括：山楂种壳较厚，影响透水、透气性能；果肉、内种仁等部位含有抑制萌芽的物质，会影响种子萌发；环境条件也会影响种子萌发。一般山楂种子经破壳后，解除休眠的条件是在温度为 $-5\sim10\ ℃$、氧气较为充足的环境下，在含水量为 10% 左右的洁净细河沙中层积 120 d 以上。破壳处理的方法有机械法、硫酸处理法、牛粪石灰堆积法、沤种法、水浸暴晒法、碱水处理暴晒法和早采沙藏法等。最为有效的方法是将早采沙藏法和水浸暴晒法结合起来。具体做法是在山楂的生理成熟期（果实变色时，一般是在 8 月中下旬），将果实采下，然后将果皮碾烂发酵，待果肉腐烂变软将种子搓离果肉，淘洗干净。再用种子量 $2\sim3$ 倍的 60 ℃ 热水浸种，并且不停地搅动。热浸 $4\sim5$ min 后，把种子倒入常温水中浸泡 24 h。然后，于上午 9 时将种子捞出，摊放于水泥地或石板上暴晒。晒种时要经常翻动，使之受光均匀。下午 4 时，把种子收起来放入常温水中再浸泡。如此反复多次，待 70%～80% 的种壳开裂时，即可层积沙藏。暴晒时要注意以种壳干而种仁不干为度。

B. 层积。种子经过破壳处理后，应及时层积。其方法是：挖掘沙藏沟，应选择背风向阳、排水良好的地方。沙藏沟深 30 cm，宽 50 cm，长度视种子多少而定，沟底铺 $3\sim5$ cm 厚的湿沙。把处理好的种子，用 $3\sim4$ 倍的干净湿河沙混合均匀，填入沙藏沟内，厚度为 10 cm 左右，其上再盖 $5\sim8$ cm 厚的湿细沙。沙面距坑面 $8\sim10$ cm。在贮藏过程中要经常喷水，保持湿度。沙的含水量以手握成团不滴水且松开不散为佳。当地面开始结冰时，沟上要覆盖湿土或碎草，随着气温的下降需逐渐加厚覆盖物，使种子处于冻土层以下，种子层温度保持在 0～5 ℃。贮藏期为 120～200 d，即有部分种子萌发，此时，要经常检查，当有 30％种子发芽时，即可播种。也可将露白的发芽种子挑出，及时下种。

C. 苗圃地的准备与播种。山楂育苗地宜选择微酸至中性、土壤肥沃的沙壤土地。注意不要与仁果类的育苗地重茬，前茬是瓜类作物的地也不适宜育苗。因为在这些土地培育的山楂苗，易染立枯病和白粉病等病害。山楂播种分秋播和春播两个时期。秋播在 11 月播种。春播在土壤解冻后，地温上升到 8 ℃以上时播种。如用地膜覆盖或塑料拱棚育苗，可提前进行播种。每 667 m² 施土杂肥 4～5 t，掺入过磷酸钙 50 kg，有条件者再撒施一些炕土或草木灰，然后深耕或深翻，耙细后整平土地。根据山楂育苗的特点，播种育苗一般做成高低床。其做法有两种。一是条播法，每隔 2～3 m 做一畦埂，畦埂宽 30～40 cm，高 20 cm，在畦的中间挖一条宽 30 cm、深 10～15 cm 的沟，作为两畦之间的灌水沟，畦长 5～10 m。畦面要整平耙细。播种前必须进行土壤消毒杀菌。为防治立枯病，可用硫酸亚铁 2.5～5.0 kg/m² 或 70％二氯硝基苯和代森锌（1∶1）5～6 g/m²，将药粉掺 150～200 倍细土混匀，撒施于地面，翻入表土。也可用 25％多菌灵或 70％甲基硫菌灵 500 倍液，喷洒苗床表面，每平方米用药液 1 kg。二是点播法，按株行距 10 cm×20 cm 的规格，用竹片开深 1.5～2.0 cm 的小穴，将种子放入。每穴放 1 粒已发芽的种子。播种后，用细沙填满播种穴，随后用喷壶向穴上喷水，使沙与种子严密接触。也可先将畦内浇水，水渗后播种，再盖 1.5 cm 厚的细沙。点播法在节省种子方面优势突出。用已发芽的种子播种，出苗有把握，而且出苗整齐，缺点是费时费力。条播法播种时，播种前 2～3 d，在畦内浇足水，当水下渗、表面较松散时，可开沟播种。其行距为 20 cm，每畦播 4 行。先在畦内开深 1.5～2.0 cm 的浅沟，沟底要平，使播入的种子深度相当，出苗整齐。然后，将种子均匀地撒在沟内，盖 0.5 cm 厚的细土，再在其上盖 1 cm 厚的细沙，并轻轻压实，最后用喷壶喷水，使土与沙湿润。

撒播前将畦浇足底水，水渗后将种子均匀地撒在畦面上，然后在畦面先覆一层厚约0.5 cm的土，将种子盖住，再在土上盖1.0～1.5 cm厚的湿细沙。播完后，用塑料布在畦上搭一拱棚，以保持湿度、提高地温，从而促进发芽。要注意加强拱棚管理，主要是保持湿度和温度。当床面干燥时，要揭棚喷水。当棚内温度达到30℃以上时，要及时敞开两头通风。若遇寒流，可在夜间盖草帘保温。5月上旬气温升高，可逐渐揭棚炼苗。开始时，于晴天下午3时揭棚，傍晚再盖上。炼苗时间应逐渐加长。经过7～10 d，方可将塑料布揭掉。用种量因不同类型的砧木种子大小和含仁率的不同而不同，单位面积用种量可按以下公式计算：

$$单位面积用种量 = \frac{单位面积计划出苗量}{单位质量种子粒数 \times 含仁率 \times 发芽率}$$

　为避免不可预测因素可能造成的缺苗，在生产实践中，用种量一般都大于计算用种量的10％～20％。

　D. 苗床的管理。出苗前最好不灌水，以免降低土温，影响种子发芽。在底墒不足、天气干旱、影响种子发芽出苗时，要用喷壶适量喷水，水量不宜过大，以湿润种子层为宜。幼苗出现真叶前切勿漫灌。如土壤板结，则必须松土，松土深度以不损伤种子和幼苗为原则。幼苗出齐并长出2～3片真叶时，应进行间苗和补栽。按株距10 cm、每667 m² 定苗1.0万～1.5万株为宜。间苗时，可分二次间苗，第一次留苗株距为5 cm，第二次定苗株距10 cm。同时，应结合移苗和补苗，将间出的幼苗栽补至缺苗处或移入另一苗圃中以扩大育苗数量。其方法是：用小铁铲把幼苗铲起，轻轻地连根上的母土一起放入盛有深度为0.5～1.0 cm水的容器内。再用小铲在移栽地上插3 cm深的穴，穴内浇水，将幼苗放入其中，轻轻一挤将穴口封闭。对留圃苗木，要在苗高10～15 cm 时断根，促使侧根萌发。其方法是：用小铁铲在距苗5～10 cm 处，斜向下深入土中20 cm，切断实生苗的主根。为促进幼苗加粗生长，可在苗高20～30 cm时去头，将嫩梢摘除，抑制幼苗生长。幼苗生长前期，一般不需要追肥和灌水，若幼苗长势偏弱，可于6月上中旬追施一次复合肥或尿素，每 667 m² 施 15～20 kg，施后浇水。嫁接前 5～6 d，为促进砧木离皮，利于嫁接，可灌一次大水。雨后、浇水后及杂草丛生时期，应及时中耕除草。苗期最常见的病害是立枯病和白粉病。为防治立枯病，在 2 片真叶时，可用 100 倍硫酸亚铁水溶液浇灌根系。4 片真叶时再灌一次。为了防治白粉病，可在汛期来临前喷 0.5 波美度石硫合剂，或在 5 月上中旬用甲基硫菌灵防治。

② 根插育苗。利用山楂根系不定芽易长成苗木的特点，取一定长度的根段，埋于土下，促其生根发芽，即可形成砧木苗。为了获得大量的根，可结合深翻施肥，在山楂树外围挖沟，剪取部分细根。也可在原苗圃内，把苗木出圃后留下来的根取出来利用。取出的根不宜太粗，因为过粗的根已经老化，萌发不定芽的能力较差，不易生根，成活率低。但也不能太细，因为过细的根内部营养不足，发苗的能力弱。所取根一般以直径 0.3～1.0 cm 为宜。将根剪成 15～20 cm 的长段，须根要尽量保留，剪后用湿沙或土埋于沟内待用。根插时间，秋末冬初或早春均可，但以早春为最好。根插的方法是：在已整好的圃地内开沟，沟深 20 cm 左右，每畦 4 沟，株行距为 10 cm×40 cm。把已剪好的根斜插于沟内。插时一定分清上下，切勿颠倒。然后，覆土踩实，及时灌水。待水渗下后，再加少量土封严。盖土不能过厚，否则出苗困难，但也不能过浅，过浅容易干旱。出苗前一般不宜灌水。为防止干旱，提高地温，促使早生根出芽，最好进行地膜覆盖。苗木出齐开始速长时，要加强土肥水管理和病虫害防治。根插育苗易生萌蘖，每株只留一个壮枝，其余的萌蘖要及时抹除。

③ 枝插和沙盘育苗。

A. 枝插育苗。山楂的有些品种，采用半木质化新梢扦插，生根率较高。与大果型良种亲和力强。与实生砧相比，砧穗嫁接部位愈合好，生长旺盛，结果早，六至九年生树的单产比实生砧嫁接树高 7 倍。

B. 沙盘育苗。2 月下旬将沙藏的种子取出，筛去沙石，播种在已准备好的长 60 cm、宽 40 cm、高 8 cm 的木制沙盘内。盘底先铺 3 cm 厚的沙壤土，用 3％硫酸亚铁溶液喷洒消毒，再用清水浇透。水渗后把种子均匀地撒在盘面上。种子的用量可视含仁率高低而定。一般每盘可出苗 1 000 棵左右。播后盖 2 cm 厚已消过毒的沙壤土，并喷清水，使土沉实，再用塑料布将沙盘盖住，四周压实，在塑料布边缘需留有小孔通气。要调控好沙盘内的温度和湿度。盘内温度应保持在 20～30 ℃，相对湿度保持在 85％～95％。盘内温度超过 30 ℃时，可将塑料布边缘开一小口，进行换气降温。夜间要加盖草苫或双层麻袋保温，也可移至室内。盘面干燥时，于早晨或傍晚喷水。经过半个月左右，幼苗基本出齐时，开始揭膜放风炼苗。炼苗的时间要由短渐长，一般经过 7～10 d，即可全部撤去塑料布。切忌不经炼苗骤然撤掉塑料布，这样做会造成"闪苗"，致苗死亡。炼苗期间，要控制喷水次数，以促进幼苗健壮。3 月中下旬，当山楂苗长出 2 片真叶时，即可移栽至苗圃地里。采用此方法，7 月上旬砧苗高度一般可达到 50 cm 左右，有 60％以上的砧苗粗度达到 0.5 cm 左右，可以进行芽接。

（2）苗木嫁接

① 接穗。用于枝接的山楂接穗，应采自有典型良种特征，而且生长发育健壮的中、幼龄树上外围、发育充实、芽饱满、无病虫害的发育枝。春季嫁接时，如当地有良种树，一般应在芽尚未膨大，嫁接前 20 d 左右采下。然后，放在 3～8 ℃的低温处，用湿沙埋藏。如当地无良种资源，或嫁接数量很大，需要引入接穗时，则应提前 20～30 d 将接穗采回，放在低温处沙藏，或采回后即进行蜡封，然后装入塑料袋中，置于 3～8 ℃的环境中贮藏。夏、秋季供芽接用的接穗，剪下后应立即剪去叶片，保留 1 cm 长的叶柄，放入存有清水的桶内，嫁接时随用随取，当天未用完的接穗，应放于阴凉处，并经常喷水保湿。也可将接穗吊于深井水面之上，一般可保存 3 d。

为了保持接穗的水分，使接穗在得到砧木的水分、养分之前不致干死，提高嫁接成活率，对春季枝接用的接穗，采用接穗封蜡，能减少水分蒸发 92％。操作步骤是：先用凉清水冲洗净接穗上的沙土，剪成嫁接时所需要的长度，将石蜡放入容器中加热熔化，当蜡液温度升至 100 ℃左右时，再将此容器放入沸水锅中间接加热，此时蜡液的温度保持在 92～95 ℃。拿住剪好接穗的一头，将另一头迅速放入蜡液内蘸一下，立即取出。待蘸在接穗上的石蜡已冷固，再倒过来蘸另一头，使整个接穗外表都蒙上一层薄薄的蜡膜。如不立即使用，可以放入塑料袋，低温干燥贮藏备用。接穗蜡封时，切忌将石蜡直接加温。因为这样蜡液的温度很难掌握。超过 100℃时会伤害芽，低于 90℃又会造成蜡膜太厚，容易"脱壳"。

② 时期和方法。山楂枝接最适宜的时期，在山东南部大致是清明节前后，日平均气温达到 10℃时开始嫁接。芽接最适宜的时间，是砧木和接穗都离皮，而接芽又充实、饱满时。一般春、夏、秋均可进行，但最适期为 7—8 月。

嫁接常用的芽接方法，有 T 形芽接和带木质部芽接。枝接方法，有劈接法、插皮接法和根接法等。

T 形芽接：一般在立秋前后，砧木和接穗均离皮时应用此法。在接穗上选择饱满芽作接芽。在芽上方 0.5 cm 处横切一刀，深达木质部。再从芽下方约 1 cm 处，由浅入深地向上推，推至芽上方横切口时，向上一撬，用左手捏下不带木质的盾形芽片。在砧木基部离地面 5～10 cm 处选一光滑面，横切 1.5 cm 左右，再在横口中心向下切割约 1 cm 长的垂直口，呈 T 形（图 1-1）。在砧木垂直切口处，用刀尖左右一拨，微微撬起两侧皮层，随即将盾形芽片的尖端插入，徐徐向下推，直至芽片上端横切口与砧木的横切口密接为止。最后，用塑料条绑紧。

带木质部芽接：接穗和砧木都不离皮与已离皮时，均可采用此法。先在芽的下方 1 cm 处，斜向下切削至枝条粗度的 1/3，成一短削面，再在芽的上方 0.5 cm 处，用右手拇指压住刀背，由浅至深地向下推达木质部 1/3 处。当芽接刀达到短削面刀口时，用拇指和食指取下带木质部的芽片。在砧木离地面 5～10 cm 平滑处，带木质部向下削一长、宽与接芽相同的切面。迅速将接芽插入砧木切口，使接芽与砧木上切口对齐。最后用塑料条绑紧（图 1-2）。

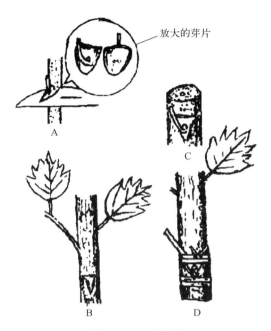

放大的芽片

A

C

B

D

图1-1　T形芽接

A. 削接穗　B. 切砧木　C. 接芽插入砧木　D. 绑扎

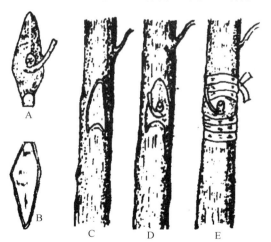

A

B

C

D

E

图1-2　带木质部芽接

A. 接芽正面　B. 接芽背面　C. 削砧木　D. 插接芽　E. 绑扎

劈接：这种嫁接方法适用于较粗砧木。在清明节前后进行。先将砧木在适当部位剪断或锯断，从外向里把剪（锯）口削光滑，不要有毛茬。然后将劈刀放在断面中央，将砧木垂直劈开，劈口的长度稍大于接穗削面的长度。选择具有 2～3 个饱满芽的一年生枝条，把它的下端削成楔形，使两边削面的长度一致，为 4～5 cm，做到平整光滑，上厚下薄，外厚里薄。将接穗削厚的一侧对准砧木皮层，轻轻插入砧木劈口，露白 0.3 cm。使两者的形成层对准，然后用塑料条绑扎（图 1-3）。

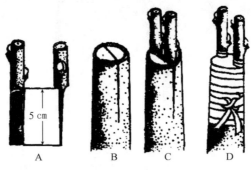

图 1-3　劈接

A. 削接穗　B. 劈砧木　C. 插入接穗　D. 绑扎

插皮接：插皮接也叫皮下接，是山楂主要的枝接方法。在砧木离皮时进行。将砧木锯断或剪断，然后削平。将接穗削成马耳形斜面，斜面的长度根据接穗粗度而定，一般长 3～6 cm。在此斜面背面的两侧，从 1/3 处开始去掉表皮，逐渐形成箭头。在砧木要插穗的一面皮层切一竖口，深达木质部，长度为接穗削面长度的一半。用刀尖轻轻一拨，将树皮微微分开，把接穗对准切口，慢慢插入至微露白为止，最后用塑料条绑扎好（图 1-4）。

根接：接穗为枝，砧木为根。在苗木出圃或园地深翻时，收集粗度为 0.5 cm 以上的断残根，截成长 15～20 cm 并带有须根的根段，于山楂发芽前嫁接最为适宜。该接法对接穗、根段的粗度要求不严。嫁接方法类似于劈接。嫁接时，枝和根哪个更粗就在其上做

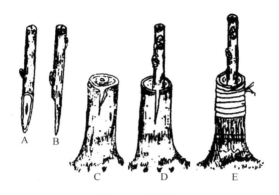

图 1-4　插皮接
A. 接穗背面　B. 接穗侧面　C. 截砧木　D. 插接穗　E. 绑扎

劈口。接好后用塑料条绑紧。边嫁接边将枝、根结合体定植于已整修好的苗圃地或园中。

③ 嫁接后的管理。

A. 剪砧。翌年春天山楂树发芽前，在接活的接芽上方 0.5～1.0 cm 处，将砧木部分剪掉，以便集中养分供给接芽生长。剪砧时，应使剪口成平滑斜面，有接芽的一侧要稍高，有利于剪口的愈合和接芽的萌发生长。剪砧不可过早，以免剪口被风干和受冻。但也不能过晚，以免砧木上发生萌蘖，无谓消耗养分。

B. 引缚。接后发出的嫩枝生长旺而快，而接口的愈伤组织尚不牢固，新梢极易被风吹折或遭受机械损伤。在新梢长到 25 cm 左右时，应插枝绑缚固定。绑缚时不能过紧或过松，以免影响新梢生长发育。

C. 除萌。剪砧后，砧木各部位容易萌发大量萌蘖。对于这些萌蘖，应及时除去，以免影响接芽生长。除萌要多次进行。对于未接活者，可留 1～2 个萌蘖，让其生长健壮，待夏、秋季再补行芽接。

④ 土壤管理与防治病害。在嫁接苗速长期，要进行追肥和灌水。每次每 667 m² 施尿素 7.5 kg，一般追肥 2～3 次。要及时中耕锄草，保持土壤疏松无杂草。病害防治，主要是注意防治苗立枯病和白粉病。

(3) 良种扦插　选用山楂良种树上的半木质化绿枝，采用特殊的催根、保湿和调温技术，也可以直接培育出良种苗。

温室温度应保持在 20～32 ℃，相对湿度保持在 90％以上，温室上方和两侧以苇帘遮阴，平均照度保持在 3 600 lx。扦插时间在 6 月中旬，以三至四年生嫁接树上半木质化或木质化新梢作插穗。将采集的插穗，剪成 8～12 cm 长的小段，保留 3～5 节，上口在芽上 0.5 cm 处平切，下方切成马耳形，将末端的叶片摘除，将其余的叶片保留，但需剪去 1/3～1/2。将剪截好的插穗基部置于 50 mg/L 的吲哚丁酸水溶液中，浸泡 3 h，然后将其扦插于珍珠岩基质中，插入深度为 2 cm。扦插完毕后，要认真做好插床管理工作。每天以细孔喷壶补水数次，以淋湿叶片为度，使插穗叶片保持常绿。经过 10 d 左右，插穗可全部愈伤。30 d 后，愈伤组织上开始生根。集中生根期在插后 45～95 d，形成完整根系的时间可持续两个月，生根率高达 93.3％。

将山楂良种的半木质化绿枝的中段，剪成 15～20 cm 长，下部切成马耳形，上部留 2～3 个半叶。然后竖立于深度为 5～10 cm 的 ABT 生根粉（50％吲乙·萘乙酸可溶粉剂）100～200 mg/L 的溶液中，浸泡 4 h，再扦插于塑料大棚内。初插的 15 d 内，每天 10—11 时和 15—16 时各喷水一次。半个月后，每隔 3 d 于 15—16 时喷水一次。每天 10—17 时，用草苫将大棚遮阴。

（4）苗木质量标准 苗木品种对路，生长健壮，根系发达，是精细建园的物质基础。目前，在生产实践中，一般把苗木分为三级，各级标准如表 1-6 所示。

表 1-6 山楂苗木分级参考标准

苗木级别	高度及粗度	根系	接合部位愈合情况
一级苗	株高 80 cm 以上，嫁接口上 10 cm 处直径 0.8 cm 以上	侧根 4 条以上，根长 20 cm 以上，根粗 0.5 cm 以上	良好
二级苗	株高 69～79 cm，嫁接口上 10 cm 处直径 0.6～0.8 cm	侧根 3 条，根长 15.0～19.9 cm，根粗 0.30～0.49 cm	良好

（续）

苗木级别	高度及粗度	根系	接合部位愈合情况
三级苗	株高 45～69 cm，嫁接口上 10 m 处直径 0.50～0.59 cm	侧根 2 条，根长 10.0～14.5 cm，根粗 0.20～0.29 cm	基本良好

注：达不到三级苗木质量标准的，一般不宜出圃建园，而应留在苗圃中继续生长，待其达到标准后再出圃。

3. 建园

（1）精细定植

① 密度。山楂的密植栽培已成为山楂生产发展的趋势。实践证明，山楂合理密植栽培，可以充分利用土地和光能，结果早，进入盛果期所需年限短，高产高效。山楂的密植栽培，习惯将其分为低密度（株行距为 4.0 m×5.0 m，每 667 m² 栽 33 棵）、中等密度（株行距为 3.5 m×4.0 m，3.0 m×4.0 m，2.5 m×3.0 m，每 667 m² 栽 48～89 棵）、高密度（株行距为 2.0 m×3.0 m，1.5 m×3.0 m，每 667 m² 栽 111～148 棵）和超高密度（每 667 m² 栽 150 棵以上）。山楂园早期的产量随密度的加大而增高。其中每 667 m² 栽 333 株的山楂园 5 年累计产量，是每 667 m² 栽 33 株者的 2.41 倍（表 1-7）。一般可选用株行距 2.0 m×4.0 m 或 3.0 m×4.0 m 两种模式。这样，只要加强管理，产量也较高，同时注意利用修剪等技术，交替回缩，控制树冠，一般不需间移或间伐。

表 1-7　山楂栽植密度与早期产量的关系

株行距（m）	每 667 m²株数	建园后逐年产量（kg）						比率（%）
		第一年	第二年	第三年	第四年	第五年	5 年累计	
1×(2.5～1.5)	333	90	639	2 763	3 039	2 583	9 114	241
1.5×2.0	222	56	447	2 262	2 714	3 165	8 644	229
3×(2.5～1.5)	111	32	203	1 690	2 197	3 075	7 197	190
3.0×4.0	56	17	45	669	1 783	2 675	5 189	137
4.0×5.0	33	8	33	524	1 260	1 953	3 778	100

② 时期。在绝对低温为－25 ℃以下的地区，山楂苗木定植以春栽为宜。其他地区春栽、秋栽均可，但以秋栽为好。山东费县的试验园，于秋末冬初栽植，此时正是根系第三次生长高峰期，栽后15～20 d 即生出新根。翌年解冻后，没有缓苗期，第一年生长量明显优于春栽。平均可长至直径 5.5 cm，比春栽粗 2.2 cm；单株枝量为 8.1 条，比春栽多 4.4 条；23 cm 深土层内每平方米根重 85.7 g，比春栽重 74.4 g。河北遵化也有秋栽山楂生长状况好于春栽的报道。但秋栽要注意埋土防冻。夏季栽植在阴雨天进行最好，但苗木必须随起随栽，并带土移植。

③ 方法。先将分级后的苗木，放到清水中浸泡 12～24 h，使其充分吸水。栽植前，按照预定的株行距，用石灰标好栽植点。在已整好的土地上，于定植点挖掘长、宽各 0.5 m、深 30 cm 左右的穴，将苗木垂直放在中心点上，并注意与各点成行，然后培土。每培一层土都要踩实，并将苗木稍向上提动，使根系舒展开与土壤密接，直至接近地面时，使根颈高于地面，并将四周筑起直径 1 m 的定植圈，以便灌水，每穴灌水 30 L。待水渗下后埋土。水源条件好的地块，定植后可先填平树穴并踩实，然后大水浇灌，待土壤稍干后再进行培土。严寒地区秋栽时可培土 30 cm 左右。苗木栽植深度以使根颈部在土壤沉实后与地面持平为宜。

(2) 定植后管理　缺少灌溉条件的地区，栽植山楂树往往成活率低。在这种条件下，对新栽山楂及一至三年生幼树进行地膜覆盖，对提高成活率及促进生长发育有明显的作用。盖膜时间在早春解冻之后，一般可于 3 月中旬进行。盖膜前，先将山楂苗定干，把苗干上包扎的草把和干基的培土去掉，修整好 1 m² 左右的树盘，树盘四周略高于中间，以能自然流水为宜。在树盘四周开挖深、宽各 10 cm 的小沟。将剪成 1 m² 左右的地膜，由中间穿透，铺放在地表，并在干基及四周用土压实。二至三年生树盖膜时，把剪好的地膜从中间至边缘剪开套入，其他方法同前。盖膜可减缓土壤水分的蒸发。据测定，盖膜后，6～10 cm 深的土壤含水量平均比对照组高 1.31%，地温比对照组高 1 ℃左右。植株的新梢总生长量比对照组增加 95 cm，而且枝条粗壮，树冠扩展，比对照组高 19%。
山楂树的成活率比对照组高 15 个百分点。

（五）树体结构与整形修剪

目前，山楂树体结构和整形修剪中存在的主要问题是宏观层次
混乱，树体结构不合理，主枝过多，延长枝剪留过长或甩放不剪，
辅养枝大于骨干枝，上强下弱，基部光秃，内膛空虚，结果面积
小，产量低。因此有必要对山楂园的宏观层次和整形修剪技术进行
阐述。

1. 山楂园的宏观层次

山楂园是一个复杂的、动态平衡的人工生态系统，气候条件
（温度、水分、光照、风速等）、土壤条件、地形特点和栽培措施等
相互联系和制约。

光照是光合作用的能源，光照是果树光合作用最主要的影响因
子，对果树冠层内光合有效辐射与光合作用的关系的研究是光合作
用研究的重点。光合有效辐射是生产果园总干物资和果实品质形成
的基础。合理的山楂园宏观层次应尽量提高光能的利用率，以提高
果实品质。光照状况直接影响果实品质，它不但影响果实着色，而
且通过对糖类的合成、运输和积累作用的影响，来影响果实单果重
和多项品质指标。太阳辐射到达树冠时其中一部分被叶片吸收用于
光合作用，另一部分则穿过树冠空隙到达地面，用于土壤的增温和
蒸发耗热。

果树冠层为树木主干以上集生枝叶的部分，一般由骨干枝、枝
组和叶幕组成。冠层是山楂树形结构的主要组成部分，其结构及组
成对树体的通风透光有决定性的影响。冠层结构决定着太阳辐射在
冠层内的分布，Myneni 等（1989）认为在冠层内部同时存在着半
影效应、透射、反射和叶片散射现象。朱劲伟等（1982）提出了短
波辐射通过林冠层时的吸收理论，将叶层结构分为水平叶层、垂直

向光叶层、特殊交角叶层和随机分布叶层等4种情况，分别推出了被林冠吸收的直射和散射光强的数学模式。对冠层的光合作用的影响除了冠层内的光合有效辐射，温度、湿度、CO_2浓度、风速以及土壤水分和养分状况等因子对冠层的光合作用也有很大的影响，这种影响也是由冠层结构决定的。

叶幕是果树叶片群体的总称，叶幕结构即叶片群体的空间几何结构，包括果树个体大小、形状和群体密度。其主要影响因素是栽植密度以及平面上排列的几何形状，株行间宽度，行向，叶幕的高度、宽度、开张度，叶面积系数和叶面积密度。就树冠叶幕的光截留、光通量和光分布而言，总的趋势是，光照从内到外、从上到下逐渐减弱。在一定范围内，果树产量随着光能截获率的提高而增加，果树光能截获率在60%～70%时对平衡果树的负载和提高果实品质最有利。Patricia（1990）研究了四种树形（圆锥形、纺锤形、圆柱形和中间形）表面光能差异，结果表明，圆柱形表面光能截获最多，有利于果实品质的提高，其次分别是纺锤形、圆锥形、中间形。

光能截获和光合有效辐射的透过率是一对矛盾体，受到国内外科研人员的关注。Jackson（1980）研究表明叶幕光能截获率和果园群体叶面积系数呈正相关，当群体叶面积系数高时，树冠光能截获率高，透射率低，光能利用率高，但是透射率低又造成了树冠内光照的不均匀分布，如果考虑到树冠光能分布的均匀，那必然导致树冠光能截获的减少。篱壁形树上，果园太阳辐射透过率较高，而在纺锤形、自由纺锤形树上，由于叶幕层太厚，造成太阳辐射由树冠外层向内层的迅速递减。

生产上人们总是从经济效益的角度，尽可能充分地利用生态环境资源获得最大的经济效益。园艺工作者一般认为高密度果园早期结果的关键是在栽植的前几年快速发展树冠内的枝叶数量，提高果园早期的叶面积。因此近20年来，为了提早结果，增加土地和光热资源的利用，果树栽培由大冠稀植型逐步向小冠密植型发展，树形由适合大冠的自然圆头形、扁圆形等向适合密植的小冠疏层形、自然纺锤形、细长纺锤形、篱壁形和开心形等转变。小冠形树体发育快、结果早、对土地和光热资源利用率高。

2. 高光效树形

（1）**主干疏层形**　干高一般为 60 cm 左右。有中心领导干。全树有主枝 5～6 个，分 2～3 层。第一层 3 个主枝邻接或邻近，相距 20～40 cm，并在 1～2 年内选定。主枝基角为 60°～70°。第二层 2 个主枝，插第一层主枝的空当。第三层 1 个主枝。第一层主枝（第三主枝）距第二层主枝（第四主枝）的层间距为 120～150 cm，第二层距第三层 60～70 cm。基部三主枝各配备侧枝 2～3 个，第一侧枝距主枝基部 60～70 cm，第二侧枝距第一侧枝 50 cm，并着生在第一侧枝对面，上层主枝可配备 1 个侧枝或不配备侧枝。树高控制在 3.0～3.5 m，冠径控制在 3.3～3.6 m。

栽植当年定干，定干高度 60 cm 左右，第一次冬剪时选生长旺盛的剪口枝作为中央领导干，剪口下要有 5～8 个饱满芽。以下 3～4 个交错着生的侧生分枝作为第一层主枝，将主枝角度开张至 50°～60°，层内距 20～30 cm，主枝和中心领导干轻度短截，剪去枝长的 1/4～1/3。第三年中心领导干延长枝继续短剪，并选留二、三层主枝适度短截。整形过程可在 4～5 年内完成。各层主枝要在适宜的部位选留侧枝，第一层侧枝距离中心干 50～60 cm，第二层侧枝距离第一层侧枝 30～40 cm，注意交错排列，适当分布空间。

（2）**开心形**　开心形树高 3 m 左右，冠径 3.5 m 左右，干高 40～50 cm。树干以上分成 3～4 个势力均衡、与主干延伸线呈 30° 斜伸的中干。三主枝的基角大小为 30°～35°，每主枝上，从基部起培养背后或背斜侧枝 1 个，作为第一层侧枝，每个主枝上有侧枝 6～7 个，成层排列，共 4～5 层，侧枝上着生结果枝组，以中、小枝为主。该树形骨架牢固、通风透光，适用于生长旺盛直立的品种，但幼树整形期间修剪较重，结果较晚。

定植后定干为 50 cm 左右。第一次冬剪时选择 3～4 个角度、方向均比较适宜的枝条，剪留 50～60 cm，培养成为 3～4 条主枝。

第二年冬剪时，每条主枝上选留一个侧枝，留 50～60 cm 短截，以后照此培养第二、三层侧枝。主枝上培养外侧侧枝。整个整形过程中要注意保持主枝势力均衡。其余枝条一般缓放不动，充分利用夏季修剪促进成花坐果。

(3) 纺锤形 纺锤形树干高 60 cm，有中心干，树高 3 m 左右，冠径 2.0～2.5 m。中心干上呈螺旋状直接着生结果枝组（亦即主枝）8～10 个。主枝角度 70°～80°，枝轴粗度不超过中干的 1/2。主枝上不留侧枝，直接着生结果枝组。其特点是只有一级骨干枝、树冠紧凑、通风透光性好、成形快、结构简单、修剪量轻、生长点多、早丰产、结果质量好。此树形适合中高密度山楂园采用。

定干高度 60 cm 左右，第一年不抹芽，采用刻芽方式促发侧枝，在树干 40～50 cm 以上部分，选择角度方位适宜的枝作为主枝，枝条长度 80～100 cm 时进行拿枝开角，主枝基角为 70°～80°，冬剪时对所有枝进行缓放。翌年对拉平的主枝背上萌生的直立枝中离树干 20 cm 以内的全部除去，20 cm 以外的每间隔 25～30 cm 扭梢 1 个，其余除去。中干发出的枝条，长度 80 cm 左右可在秋季继续拿枝开角，过密的疏除，缺枝的部位进行刻芽，促生分枝。第三年控制修剪，以缩剪和疏剪为主，除中心干延长枝过弱不剪，一般缩剪至弱枝处，将其上竞争枝压平或疏除。弱主枝缓放，对向行间伸展太远的下部主枝从弱枝处回缩，疏除或拉平直立枝，疏除下垂枝。第四或第五年中心干在弱枝处落头，以后中心干每年在弱枝处修剪保持树体高度稳定。修剪上应根据树的生长结果状况而定，幼旺树宜轻剪，随树龄的增长，树势渐缓，修剪应适度加重，以便恢复树势，保持丰产、稳产、优质的树体结构。

注意，此树形要保持中心领导干的直立和强壮，与中心领导干竞争的枝要及时疏除，一般经过 5 年树形基本形成。

3. 整形修剪

(1) 山楂生长结果习性 对树体进行合理的整形修剪，必须了解山楂枝芽的生长特点，并按其特点采用适当的修剪方法和适宜的丰产树形。

山楂树幼树生长非常茂盛，枝条直立，新梢生长快，大多数呈现抱头生长。山楂树结果较早，种植后第三年就会开花结果，到第五年就可以形成经济产量，10年后可进入盛果期，40年内为开花结果最佳时期。随着树龄和产量的不断增加，树冠会慢慢张开，形成圆头形、半圆形或开心形树形。此时，山楂树树体生长速度呈逐渐下降趋势，结果部分外移，骨干枝中下部分出现空秃，要及时地进行整形和修剪。

山楂树的芽可以划分为叶芽和花芽以及隐芽、副芽。叶芽一般生长在发育枝的先端部分，粗壮的发育枝条中，上部分的腋芽可以发育成混合芽。混合芽萌发以后，抽生出结果枝条。隐芽和副芽大都生长在枝条底部的两侧，一般不会当年萌发。当受到刺激的时候，就会萌发抽枝，自我更新能力非常强。

山楂树的枝条，依据它的性质，可以分为结果母枝和结果枝以及徒长枝。山楂树根系的萌发能力非常强，幼树期间和树势健壮的时候，要及时剔除，防止养分过量消耗，影响树木的正常生长。

（2）不同树龄的修剪

① 幼树修剪。山楂苗栽植后1～2年生长量较小，生长势弱，为缓苗期。山楂幼树整形时，定干高度要合理，骨干枝开张角度要大，使树冠内保持良好的通风透光条件，以充分利用光热资源和空间，合理利用辅养枝，保持树势中庸健壮。

幼树生长前3年以整形为主，目标是使其尽快形成合理树体结构。一般轻短截各级骨干枝的延长枝，疏除竞争枝和背上旺枝，其他枝条缓放不剪。四至五年生树，各级骨干枝除了长势弱和未达到树形结构标准者进行短截外，其他骨干枝缓放不剪。疏除过密枝、竞争枝、背上旺枝，回缩冗长枝，培养结果枝组。山楂幼树长势过旺或过弱都不利于开花结果，只有保持中庸树势才能获得连年丰产。

② 初果树修剪。这一时期的修剪除建造好树形外，还要培养

好各种类型的结果枝组，使树体由有一定产量逐渐向盛果期过渡。

初果树修剪一般以冬季修剪为主，充分利用夏季修剪的方法，调整和培养合理的树体结构，保持结果和树体均衡生长。短截各级骨干枝的延长枝，以保持从属关系和平衡树势。疏剪过密枝、拥挤枝，或回缩改造成大型结果枝。应用先放后缩和先截后放相结合的方法培养健壮结果枝组。充分利用辅养枝结果，及时疏除无利用价值的辅养枝。

③ 盛果树修剪。盛果期山楂树的丰产形态指标为：树体结构良好，树势健壮，通风透光良好，树冠覆盖率 85% 左右，当年生枝平均有 9 片叶以上且叶色浓绿，叶面积系数 3.5 左右，结果枝直径在 0.4 cm 以上，外围延长枝直径在 0.4 cm 以上，每 667 m² 枝量在 8 万条左右，结果枝占总枝量的 40% 左右。

此时的修剪目的主要是继续培养和修整树形，改善叶幕单位组合，调整露光叶幕表面状况，培养更新结果枝组，力争高产、稳产和优质，延长盛果期年限。应注意改善通风透光条件，对树冠外围新枝进行短剪，加强营养枝生长。回缩修剪复壮结果枝组。剪除过密枝、重叠枝、交叉枝、病虫枝。大枝先端下垂，可轻度回缩，选留侧向或斜上分枝带头。结果枝修剪应剪弱留强、去细留壮，以调整枝组密度。短截枝组内的强壮枝作预备枝，以防出现大小年现象。注意合理利用徒长枝，可通过短截及夏季摘心将徒长枝培养成结果枝组。对结果枝组，去上留下、去弱留强、去中心留左右。对扁平枝组见弱回缩，保持枝组有高有低、波浪延伸。防止内膛光秃的措施应根据疏、缩、截相结合的原则进行改造和更新复壮，疏去轮生骨干枝和外围密生大枝及竞争枝、徒长枝、病虫枝，缩剪衰弱的主侧枝，选留适当部位的芽进行小更新，培养健壮枝组。对弱枝采用重截复壮和在光秃部位芽上刻伤增枝的方法进行改造。

④ 衰老树修剪。这个时期对发生外围枝生长势减弱、小枝干枯严重、外围枝条下垂、出现自然更新症状、产量显著下降等现象的衰老树，及时疏除病虫枯枝、密集无效枝，回缩外围枯梢枝（回

缩至有生长能力的部位），促其萌发新枝。其次，充分利用一切可利用的徒长枝，尽快恢复树势。

（六）花果管理

1. 提高坐果率

适宜的坐果数量是山楂树获得丰产稳产的首要条件。坐果率的高低与树体长势、花期授粉情况以及环境条件有密切的关系。不同的果园、不同的年份，引起落花落果的原因不同，必须具体情况具体分析，并采取相应的措施。

（1）提高综合管理水平　提高树体储备营养水平，改善花器官的发育状况，调节花、果与新梢生长的关系，是提高坐果率的根本途径。山楂树花量大，花期集中，萌芽、展叶、开花、坐果需要消耗大量的储备营养。生产中应重视后期管理，早施基肥，保护叶片，延长叶片功能。改善树体光照条件，促进光合作用，从而提高树体储备营养水平。同时通过修剪去除密挤、细弱枝条，控制花芽数量，集中营养，保证供应，以满足果实生长发育及花芽分化的需要。

（2）加强肥水管理　提高山楂坐果率，要重视加强土肥水的综合管理，以增强树势，使结果枝生长整齐、健壮。土层厚度不足 60 cm 的应通过深翻或客土加以改良。施肥除应施足基肥外，还应在花前、花后、果实迅速膨大期和花芽分化期各施追肥 1 次。在发芽前落花后、新梢旺长期、果实着色期、采果后、封冻前各浇水一次，浇水量根据当时的降雨情况确定。此外，在增强树势的基础上，花期还应喷施赤霉素和硼砂液等，确保山楂果丰产。萌芽前及时灌水，并追施速效氮肥，补充前期对氮素的消耗。30％左右的山楂花开放时，喷施 0.3％的硼砂液，可有效地促进花粉粒的萌发。喷 1％～2％的糖水，可引诱蜜蜂等昆虫，提高授粉效率。喷施 0.3％的尿素溶液，可以提高树体的光合效能，增加养分供应。

（3）合理配置授粉树　山楂树多数品种的花不经授粉受精也可

获得发育正常的果实，这一现象称为"单性结实"。其结实率的高低取决于树体本身的营养状况，因此又称为"营养性单性结实"。山楂树自花授粉结实率可达 30％～50％，自然授粉结实率可达 60％～70％，所以一般山楂树可不进行人工辅助授粉。但在生产中，自然授粉的山楂树坐果率高于自花授粉，这就要求我们在建山楂园时（特别是建立密植园时），仍应配置授粉树。

建园时，授粉品种与主栽品种比例一般为 1：（4～5）。而成龄果园授粉树数量不足时，可以采用高接换头的方法改换授粉品种。花期采用人工授粉、果园放蜂等措施，均可显著提高坐果率。

（4）合理使用激素 在山楂盛花期喷 1 次 20～70 mg/kg 赤霉素溶液，有显著诱导山楂单性结实的作用，并能提高单株产量。但喷洒浓度不宜过高，喷洒浓度因树龄树势而异。幼树、初结果旺树以 60～70 mg/kg 为宜；盛果期中庸树以 40～50 mg/kg 为宜；大树弱树以 20～30 mg/kg 为宜。

对初结果山楂树，于 7 月株施 225 mg 多效唑于土壤中（按有效成分计算，沙壤土）。施用时将药剂与少量细土混匀，在树盘内侧四周挖浅沟，均匀施入，然后灌小水，施药后能显著调节 2～4 年树体的营养生长，增加中、短枝比例，促进花芽分化，增加结果母枝和结果枝数量，提高产量。对尚未结果的山楂幼旺树，在新梢旺长期（5 月上中旬）树上喷洒 40％乙烯利水剂 500 倍液可明显地抑制新梢旺长，能够提高翌年侧芽萌发率和成花率、增加枝量，并有紧缩树冠、矮化树体的效果。注意由于乙烯利兼有疏花作用，已经开始正常生长结果的山楂树不宜施用。

在山楂盛花期喷布 EF 植物生长调节剂 100～150 mg/kg 溶液，能显著增强山楂叶片的光合效能，使山楂坐果率和单株产量明显提高，且成本比赤霉素低，果实日灼病发生亦减轻（先用少量 90 ℃热水溶解含量为 13.22％（灰褐色粉末状的 EF，再兑水配成所需浓度）。

2. 合理疏花疏果

合理疏花疏果，可以节省大量养分，使树体负载合理，维持健壮树势，提高果品质量，防止大小年结果，保证丰产、稳产。

（1）合理负载　适宜的留果量，既要保证当年产量，又不能影响下一年的花量；既要充分发挥生产潜力，又要使树体有一定的营养储备。因此，留花留果的标准应根据品种、树龄、管理水平及品质要求来确定。

① 干截面积法。树体的负载能力与其树干粗度密切相关。树干越粗表明地上、地下物质交换量越多，可承担的产量也越高。山东农业大学研究表明，山楂树每平方厘米干截面积负担 4 个山楂果时，不仅能够实现丰产稳产，而且能够保持树体健壮。按干截面积确定山楂树的适宜留花、留果量的公式为：

$$Y = 4 \times 0.08C^2 \times A$$

式中，Y 为单株合理留花、果数量（个）；C 为树干距地面 20 cm 处的干周（cm）；A 为保险系数，以花定果时取 1.20，即多保留 20% 的花量，疏果时取 1.05，即多保留 5% 的幼果。

使用时，只要量出距地面 20 cm 处的干周，带入公式即可计算出该单株适宜的留花、留果个数。如某株山楂树干周为 40 cm，其合理的留花量 $= 4 \times 0.08 \times 40^2 \times 1.20 = 614.4 \approx 614$（个），合理留果量 $= 4 \times 0.08 \times 40^2 \times 1.05 = 537.6 \approx 538$（个）。

② 主枝截面积法。依主干截面积确定留花留果量，在幼树上容易做到。但在成龄大树上，总负载量如何在各主枝上均衡分配难以掌握。为此，可以根据大枝或结果枝组的枝轴粗度确定负载量。计算公式同上。

③ 间距法。按果实之间彼此间隔的距离大小确定留花留果量，是一种经验方法，应用比较方便。一般中型果品种如鸭山楂、香水山楂和黄县长把山楂等品种的留果间距为 20～25 cm，大型果品种间距适当加大，小型果品种可略小。

（2）疏花　疏花时间要尽量提前，一般在花序分离期即开始进行，至开花前完成。按照确定的负载量选留花序，多余花序全部疏除。疏花时要先上后下，先内后外，先去掉弱枝花、腋花及梢头花，多留短枝花。待开花时，再按每个花序保留 2～3 朵发育良好的边花的原则，疏除其他花朵。经常遭受晚霜危害的地区，要在晚霜过后再疏花。

（3）疏果　疏果也是越早越好，一般在花后 10 d 开始，20 d 内完成。一般品种每个花序保留 1 个果，花少的年份或旺树、旺枝可以适当留双果，疏除多余幼果。树势过弱时适当早疏少留，过旺树适当晚疏多留。如果前期疏花疏果时留果量过大，到后期明显看出负载过量时，要进行后期疏果。后期疏果虽然比早疏果效果差，但相对不疏果来讲，能够提高产量与品质，增加效益。另外，留果量是否合适，要看采收时果实的平均单果重与本品种应有的标准单果重是否一致。如果二者接近，说明留果量比较适宜。如果平均单果重明显小于标准单果重，则表明留果量偏大，翌年要适当减少。反之，翌年则要加大留果量。

3. 果实品质提升技术

（1）果实品质构成　果实品质是山楂果实商品性优劣的重要指标，包括体现果品营养价值的一些生化属性，如果实中糖类、蛋白质、脂肪、维生素、矿物质等。也包括体现果实风味的风味物质，如有机酸、苦杏仁苷、多酚、酯类和其他芳香性物质等。

（2）调控措施

① 适宜的环境因子。

A. 合理的水分供应。水分对果实发育及品质的调节具有双重性：一方面，土壤水分不足常降低果实的产量，但在果树生长的特定时期，适当控水常常可以提高果实的品质。水分胁迫影响山楂果实糖分的积累，果实发育后期水分胁迫影响可溶性固形物含量。早期水分胁迫导致果实中葡萄糖、蔗糖含量下降。

B. 充足的光照。光照是果树正常生长发育和结果的主要生态性影响因子，充足的光照可有效改善山楂树树体营养状况，增强树体生理活力，提高果实产量和质量。山楂成熟时果实可溶性糖含量与照度呈显著正相关。不同的树形对果实糖分积累与酶活性也有影响，果实含糖量、SS（蔗糖合成酶）活性和 SPS（蔗糖磷酸合成酶）活性均以开心形最高，疏散分层形次之。结果表明，开心形山楂树的冠层开度、树冠下散射光的光量子通量密度、平均叶倾角均显著高于疏散分层形，而叶面积系数则低于疏散分层型。在品质方面，开心形山楂树果实的可溶性固形物含量、总糖含量、糖酸比值分别比疏散分层形高 20.2％、18.7％和 29.8％，总酸含量低 8.5％。

② 增施有机肥。有机肥不仅含有果树所必需的大量元素和微量元素，还含有丰富的腐殖酸类有机质。配方施肥时多施有机肥是果树取得稳产高产的关键一环。长期施用有机肥，可以明显改善土壤团粒结构、降低容重、保水、保肥、提高缓冲性，这非常有利于提高肥效和果实品质。与传统化肥只能补充单一或几种营养元素相比，有机肥中的营养元素种类更为丰富，施用有机肥能够提高果实品质，并且符合国际有机果品的生产标准，更加安全、可靠。

③ 施用叶面肥。目前生产上有机叶面肥得到了广泛的应用。山楂施用腐殖酸钾叶面肥后，果实中总糖、葡萄糖和果糖含量增加，但蔗糖含量下降。山楂喷施氨基酸叶面肥后果实可溶性固形物含量显著高于不喷施的对照组。菌糠黄腐酸对山楂果实内在品质影响较大，喷施不同浓度的菌糠黄腐酸叶面肥均显著提高山楂可溶性固形物含量，使山楂果实的风味浓郁，优质率高。

④ 科学使用激素。应用植物生长调节剂来增大果型、提高果实品质是生产上的常用措施。赤霉素（GA）处理可以增大库强，使果实变大。赤霉素可促进 1，6 -二磷酸酶和 SPS 活性，也是韧皮部卸载途径中胞外转化酶活性的关键调节因子等，还可通过影响光合作用和库的形成从而调节库—源之间的代谢。用赤霉素和氯吡脲（CPPU）处理山楂果实，结果表明赤霉素促进果实生长，使细胞增大，果实中蔗糖含量也较高。用 CPPU 处理的果实细胞小于 GA 处理的果实细胞，但积累的葡萄糖和果糖含量较高。在山楂盛花后 42 d 采用 GA_3＋GA_{4+7} 和多效唑处理果实，结果表明 GA_3＋GA_{4+7} 处理的果实可溶性总糖含量达到大果不喷施的对照组水平，与小果不喷施的对照组相比显著提高，且主要是蔗糖含量高。多效唑处理的果实可溶性糖含量比大果不喷施的对照组

低，与小果不喷施的对照组水平相当，也主要是蔗糖含量低。

⑤ 适当晚采。周德峰等（2015）研究表明随着采收期的延后，山楂中的含酸量在不断降低，黄酮的含量则出现了先下降、后上升的趋势，总酚的含量出现了先上升、后下降的趋势，维生素 C 的含量均出现了上升的趋势，可溶性糖的含量也出现了上升的趋势。在 10 月 21 日采收的大金星和大五棱山楂中，含酸量最低，黄酮含量高，维生素 C 和可溶性糖的含量都较高，表明此为山楂的适宜采收期。

（七）土肥水管理

1. 土壤管理新技术

（1）覆盖

① 优点。

A. 降低管理成本。山楂园覆盖抑制了杂草的萌发和生长，免除了一年 5～6 次中耕除草，节省人工。当覆盖适宜时，能减少或防止病虫害的发生、降低农药用量、节省成本。研究表明，秸秆覆盖还可减少山楂园腐烂病的发生，株发病率可下降 14.9%～32.1%。

B. 提高土壤含水量，节省灌溉成本。据观察，连续几年不间断进行生物覆盖的果园，一般地段平均可提高土壤含水量 40% 左右，地表蒸发减少 60% 左右。尤其在春季降雨少、蒸发量大时，果园覆草能够有效地减少土壤水分蒸发，保蓄水分。果园覆膜也可以提高土壤含水量，特别是土壤表层含水量。在干旱地区，地膜覆盖可分别提高 0～15 cm、15～25 cm 表层土壤含水量 40.91%、27.06%。在半干旱和半湿润地区可分别提高表层土壤含水量 5.89%～28.14%、4.7%～5.9%。

C. 增加产量。秸秆覆盖山楂园促进树体的生长发育。果实生长速率加快，单株留果数相同时，覆秸秆树的单果质量较对照组增加 7.5%～13.9%，单果质量绝对增加 17～24 g，具有增大果形作用。在覆秸秆树挂果数不超过对照组树 12% 时均可增大果形。

D. 改善土壤结构。秸秆覆盖不需中耕除草，既可保持良好而稳定的土壤团粒结构，又可节省劳力。山楂园覆盖能够改善土壤的通透性，提高土壤孔隙度，减小土壤容重，使土质松软，利于土壤团粒结构形成，减少土壤内盐碱度上升，有助于土壤保持长期疏松状态，提高土壤养分的有效性。覆盖山楂园 $0\sim20$ cm 土层土壤容重、比重、总孔隙度分别为 1.02 g/cm^3、2.64 g/cm^3、61.3%，对照地分别为 1.40 g/cm^3、2.30 g/cm^3、42.0%，容重下降幅度为 13%，比重和总孔隙度增加幅度分别为 25%、41%。

E. 提高土壤肥力，促进土壤微生物活动。覆盖有机物降解后可增加土壤有机质含量，提高土壤肥力，连续覆盖 $3\sim4$ 年，活土层可增加 10 cm 左右，土壤有机质含量可增加 1% 左右。长期覆草不仅能提高土壤养分含量，而且能提高土壤保肥和供肥的缓冲能力。据研究，山楂园整个覆盖生长期细菌数量平均比对照组高 150%，固氮菌数量高 95%。覆盖后，在山楂树整个生长期真菌的平均数量比对照组高 60%，氨化菌数量高 55%。

② 方法。

A. 覆盖生物材料。覆草前，应先浇足水，按 $15.0\sim22.5$ g/m^2 的数量施用尿素，以满足微生物分解有机质时对氮的需要。覆草一年四季均可，以春、夏季最好。春季覆草利于果树整个生育期的生长发育，又可在果树发芽前结合施肥、春灌等农事活动一并进行，省工省时。不能在春季进行的，可在麦收后利用丰富的麦秸、麦糠进行覆盖。注意新鲜麦秸、麦糠要经过雨季初步腐烂后再用。对于洼地、易受晚霜危害的果园，应在谢花之后覆草。郁闭程度较高，不宜进行间作的成龄果园，可采取全园覆草，即果园内裸露土地全部覆草，数量可掌握在 2.25 kg/m^2 左右。郁闭程度低的幼龄果园，尚可进行果粮或果油间作的，以树盘覆草为宜，用草 1.50 kg/m^2 左右。覆草量也可按照拍压整理后厚度 $10\sim20$ cm 的原则来掌握。山楂园覆草应连年进行，每年均需补充一些新草，以保持原有厚度。$3\sim4$ 年后可在冬季深翻一次，深度 15 cm 左右，将地表已腐烂的杂草翻入土中，然后加施新鲜杂草继续覆盖。

B. 覆盖地膜。覆膜前必须先追足肥料，地面必须先整细、整平。覆膜时期，在干旱、寒冷、多风地区以早春（3月中下旬至4月上旬）土壤解冻后覆盖为宜。覆膜时应将膜拉展，使之紧贴地面。一年生幼树采用"块状覆膜"，树盘以树干为中心做成"浅盘状"，要求外高里低，以利蓄水，四周开10 cm浅沟，然后将膜从树干穿过并把膜缘铺入沟内用土压实。二至三年生幼树采用"带状覆膜"，顺树行两边相距65 cm处各开一条10 cm浅沟，再将地膜覆上。遇树开一浅口，两边膜缘铺入沟内用土压实。成龄树采取"双带状覆膜"，在树干周围1/2处用刀划10～20个分布均匀的切口，用土封口，以利降水从切口渗入树盘。两树间压一小土棱，树干基部不要用地膜围紧，应留一定空隙但应用土压实，以免烧伤干基树皮和保持通风。夏季进入高温季节时，注意在地膜上覆盖一些草秸等，以防根际土温过高，一般以不超过30 ℃为宜。此外到冬季应及时拣除已风化破烂无利用价值的碎膜，集中处理，以便于土壤耕作。

③ 注意事项。土壤黏重的果园覆草后，易引起烂根病。河滩、海滩或池塘、水坝旁的果园，早春覆草果园花期易遭受晚霜危害，影响坐果，这类果园最好在麦收后覆草。

山楂园覆盖为病菌提供了栖息场所，会引起病虫数量增加，在覆盖前要用杀虫剂、杀菌剂喷洒地面和覆盖物。平时密切注意病虫害发生情况，及时喷杀。此外，每3年应将覆盖物清理深埋，以杀灭虫卵和病菌，然后重新进行覆盖。许多病虫可在树下越冬，为避免覆草后病虫害加重，春季要对树盘集中喷药防治。覆草后水分不易蒸发，雨季土壤表层湿度大，易引起涝害，必须注意及时排水。排水不良的地块不宜覆草，以免加重涝害。

山楂园覆草或秸秆后根系分布浅、根颈部易发生冻害和腐烂病。长期覆盖的果园，根系易上返变浅，一旦不再覆盖，会对根系产生一定程度的伤害。覆草应连年进行，以保持表层土壤稳定的生态环境，有利于保护和充分利用表层功能根群。开始覆草的1～2年内，不能把草翻入地下，以保护表层根，3～4年后可翻入地下，翻后继续覆草。初次覆草厚度不能小于 20 cm，以后连年覆草厚度不小于 15 cm。无法继续覆盖时，要对根部采取防寒措施，保护好根系，使根部逐渐适应新的环境。长期覆盖的果园湿度较大，根的抗性差，可在春夏季清理树盘下的覆盖物，对地面进行晾晒，此举能有效地预防根腐烂病，并促使根系向土壤深层伸展。此外覆草时根颈周围留出一定的空间，能有效地控制根颈腐烂和冻害。冬春季树干涂白，幼树培土或用草包干，对预防冻害都有明显的作用。

火灾和鼠害。覆草或秸秆的果园易发生火灾，因此覆草或秸秆的果园应在覆盖物上面压土，能有效地预防火灾和防止草或秸秆被风吹走。覆草或秸秆的果园鼠害相对较重，应于春天和初秋在果园中均匀定点放置灭鼠药或进行其他灭鼠操作。

白色污染。聚丙烯、聚乙烯地膜可在田间残留几十年不降解，造成土壤板结、土壤通透性变差、地力下降，严重影响作物的生长发育和产量。残破地膜一定要拣拾干净集中处理。田间管理应优先选用可降解地膜。

(2) 生草

① 优点。

A. 节本增收。省去了一年 3～4 次的中耕除草，节省劳动成本。据统计，山楂园种植白车轴草成坪后可减少有机肥用量，每 667 m^2 可节省 40 元；减少打药 2 次、除草 3 次，每 667 m^2 节省费用 150 元。而种植白车轴草仅需当年投入成本每 667 m^2 80 元（草籽 20 元，人工 20 元，肥料 40 元），一年便可收回成本。

B. 增加产量、提高品质。生草栽培为果树的生长发育创造了良好的水、肥、气、热条件，提高了果树的光合效率，为高产、优质奠定了基础。生草栽培山楂果实可溶性固形物含量、单果重均高于对照组。

C. 增加土壤有机质含量，改善果园环境。果园生草能够比较快速地增加土壤有机质，减少人工与资金的投入。我国果园的有机质含量不足 0.5%，生草增加有机质是省工省力、快速高效的方法。果园生草具有隔热保墒作用，缩小土温的昼夜和季节变化幅度，使土温的变化趋于平缓。生草覆盖后，在夏秋连续高温干旱季节可有效防止土壤含水量的快速降低，利于保持果园水土，涵养水分。果园生草可以增加土壤有机质含量，改善土壤理化性状，提高土壤酶活性，对土壤温度的骤变起到一定的缓冲作用。果园生草之后，提高土壤微生物活性，各土层固氮菌、氨化细菌的数量明显增加，这些微生物数量的增加有利于土壤中的物质循环和能量流动，进而促进土壤肥力的提高。

② 方法。

A. 草种选择。山楂园生草草种以鼠茅、黑麦草、白车轴草、紫花苜蓿等为好。另外，还有百脉根、百喜草、草木犀、毛苕子、扁茎黄芪、小冠花、鸭跖草、早熟禾、野燕麦等。

B. 播种。播前应细致整地，清除园内杂草，每 667 m² 撒施磷肥 50 kg，翻耕土壤，深度 20～25 cm，翻后整平地面，灌水补墒。为减少杂草的干扰，最好在播种前半月灌水 1 次，诱发杂草种子萌发出土，除去杂草后再播种。播种时间春、夏、秋季均可，多为春、秋季。春播一般在 3 月中下旬至 4 月，气温稳定在 15 ℃以上时进行。秋季播种一般从 8 月中旬开始，到 9 月中旬结束。最好在雨后或灌溉后趁墒进行。春播后，草坪可在 7 月果园草荒发生前形成。秋播，可避开果园野生杂草的影响，减少除杂草的劳动量。就果园生草草种的特性而言，白车轴草、多年生黑麦草春季或秋季均可播种，放牧型苜蓿春季、夏季或秋季均可播种，百喜草只能在春季播种。草种用量，白车轴草、紫花苜蓿、田菁等为 0.75～2.25 g/m²，黑麦草 3.0～4.5 g/m²。可根据土壤墒情适当调整用种量，一般土壤墒情好，播种量宜小，土壤墒情差，播种量宜大些。一般情况下，生草带为 1.2～2.0 m，生草带的边缘应根据树冠的大小在 60～200 cm 范围内变动。播种方式有条播和撒播。条播，即开 0.5～1.5 cm 深的沟，将过筛细土与种子以（2～3）：1 的比例混合均匀，撒入沟内，然后覆土。遇土壤板结时及时划锄破土，以利出苗。7～10 d 即可出苗。行距以 15～30 cm 为宜。土质好、土壤肥沃、有水浇条件，行距可适当放宽；土壤瘠薄，行距要适当缩小。

同时播种宜浅不宜深。撒播，即将地整好，把种子拌入一定的沙土撒在地表，然后耱一遍覆土即可。试验表明，撒播白车轴草种子不易播匀，果园土壤墒情不易控制，出苗不整齐，苗期清除杂草困难，管理难度大，缺苗断垄现象严重，对成坪不利。条播可适当覆草保湿，也可适当补墒，有利于种子萌芽和幼苗生长，极易成坪。

C. 幼苗期管理。出苗后应及时清除杂草，查苗补苗。生草初期应注意加强水肥管理，干旱时及时灌水补墒，并可结合灌水补施少量氮肥。白车轴草属豆科，自身有固氮能力，但苗期根瘤尚未生成，需补充少量的氮肥，待成坪后只需补充磷、钾肥即可。白车轴草苗期生长缓慢，抗旱性差，应保持土壤湿润，以利苗期生长。成坪后如遇长期干旱也需适当浇水。灌水后应及时松土，清除野生杂草，尤其是恶性杂草。生草最初的几个月不能刈割，要待草根扎深，植株体高达 30 cm 以上时，才能开始刈割。春季播种的，进入雨季后灭除杂草是关键。对密度较大的狗尾草、马唐等禾本科杂草，可用 10.8% 的吡氟氯禾灵乳油 500～700 倍液喷雾。

D. 成坪后管理。果园生草成坪后可保持 3～6 年，生草应适时刈割，既可以缓和春季和果树争肥水的矛盾，又可增加年内草的产量，增加土壤有机质的含量。一般每年除草 2～4 次，灌溉条件好的果园，可以适当多除 1 次。除草的时间掌握在开花与初结果期，此期草内的营养物质含量最高。割草的高度，一般的豆科草如白车轴草要留 1～2 个分枝，禾本科草要留有心叶，一般留茬 5～10 cm。避免割得过重使草失去再生能力。割草时不要一次割完，顺行留一部分草，为害虫天敌保留部分生存环境。割下的草可覆盖于树盘上、就地撒开、开沟深埋或与土混合沤制成肥，也可作饲料再还肥于园。整个生长季节果园植被应在 15～40 cm 交替生长。刈割之后均应补氮和灌水，结合果树施肥，每年春秋季施用以磷钾肥为主的肥料。生长期内，叶面喷肥 3～4 次，并在干旱时适量灌水。生草成坪后，有很强的抑制杂草的能力，一般不再人工除草。果园种草后，既为有益昆虫提供了场所，也为病虫提了庇护场所，果园生草后地下害虫不同程度地有所增加，应重视病虫防治。

E. 草的更新。在利用多年后，草层老化，草群变稀，出现"自我衰退"现象，土壤表层板结，应及时采取更新措施。对自繁能力较强的百脉根通过复壮草群进行更新，黑麦草一般在生草4～5年后进行耕翻，白车轴草耕翻在5～7年草群退化后进行，休闲1～2年，重新生草。

③ 注意事项。

A. 养分水分竞争。生草与果树争夺肥水是山楂园生草栽培存在的主要问题。一般草种生长旺，根密度大，在其旺长期，常因草的吸收而降低土壤中多种有效养分含量。因此，除了选择根系浅、需肥少的草种外，在草的旺盛生长期还应适当补肥。生草栽培后，由于草的蒸腾耗水量大，在旱季会加剧土壤干旱。因此，为了避免生草与果树争夺水分，应在干旱来临前及在果树肥水需求高峰期，及时割草覆盖或者及时施肥、灌水来缓解。

B. 杂草控制。在不同地区不同果树生产区应恰当地选择抗杂草能力强的草种，并注意及时清除杂草。特别是在草尚未有效覆盖地面之前，如果不辅以人工控制，就可能发生草荒而导致生草栽培的失败。一般覆盖性能好的草种在充分覆盖地面后，可以有效地抑制杂草。在果树树盘范围内，则需经常性地中耕除草，或施用化学除草剂，或进行覆草以防止杂草危害。

C. 长期生草影响土壤理化性质。山楂园长期生草造成土壤板结，土壤通透性降低，好气性微生物活动受到抑制，土壤硝态氮含量减少。所以一般不采用全园生草，而主要采用行间生草并经常割草，株间或树盘下覆盖，以提高树盘下土壤的通透性。也可通过全园深翻或生草更新来解决，生草5～7年后，施用除草剂灭草或者及时翻压，免耕1～2年后重新生草。

2. 缺素症及其矫正

（1）缺氮 在大多数植物中，氮素不足表现特征为叶片变黄。初期表现生长速率显著减退、新梢延长受阻，结果量减少。叶绿素合成降低、类胡萝卜素出现，叶片呈现不同程度的黄色。缺氮症状首先表现在老叶上。山楂树缺氮，早期表现为下部老叶褪色，新叶变小，新梢长势弱。缺氮严重时，全树叶片不同程度褪色，多数呈淡绿至黄色，老叶发红，提前落叶。枝条老化，花芽形成减少且不充实。果实变小，果肉中石细胞增多，产量低，提早成熟。但果实着色较好。

施肥方法可采用土壤施肥或根外追肥，尿素作为氮素的补给源，普遍应用于叶面喷布，但应当注意选用缩二脲含量低的尿素，以免产生药害。具体方法：一是按每株每年 0.05～0.06 kg 纯氮，或按果实纯氮含量 7～10 mg/g 的指标要求，于早春至花芽分化前，将尿素、碳酸氢铵等氮肥开沟施入地下 30～60 cm 处；二是在山楂树生长季的 5—10 月可用 0.3％～0.5％的尿素溶液结合喷药进行根外追肥，一般 3～5 次即可。

（2）缺磷　山楂树早期缺磷无明显症状表现。中、后期缺磷，植株生长发育受阻、生长缓慢，抗性减弱，叶子变小、叶片稀疏、叶色呈暗黄褐至紫色、无光泽、早期落叶。新梢短。严重缺磷时，叶子边缘和叶尖焦枯，花、果和种子减少，开花期和成熟期延迟，果实产量低。磷在树体内的分布是不均匀的，根、茎的生长点中较多，幼叶比老叶多，果实和种子中含磷最多。当磷缺乏时，老叶中的磷可迅速转移到幼嫩的组织中，甚至嫩叶中的磷也可输送到果实中。过量施用磷肥，会引起树体缺锌。这是由于磷肥施用量增加刺激了树体对锌的需要量。喷施锌肥，也有利于树体对磷的吸收。

常见缺磷的土壤类型有：高度风化、有机质缺乏的土壤，碱性土或钙质土、磷与钙结合、磷有效性降低的土壤以及酸性过强、磷与铁和铝生成难溶性化合物的土壤等。土壤干旱缺水、长期低温等环境因素，影响磷的扩散与吸收。氮肥使用过多而施磷不足，营养元素不平衡，容易出现缺磷症状。山楂树磷元素过剩一般很少见，主要是盲目增施磷肥或一次性施磷过多造成。

磷素缺乏矫治的方法有地面撒施与叶面喷布磷肥。磷肥类型的选择取决于若干因子：对中性土、碱性土，常采用水溶性成分占比高的磷肥。酸性土壤适用的磷肥类型较广泛。厩肥中含有持久性较

长的有效磷，可在各种季节施用。叶面喷施常用的磷肥类型有
0.1％～0.3％磷酸二氢钾溶液。

（3）缺钾　山楂树缺钾初期，老叶叶尖、边缘褪绿，形成层活
动受阻，新梢纤细，枝条生长状况很差，抗性减弱。缺钾中期，下
部成熟叶片由叶尖、叶缘逐渐向内焦枯、呈深棕色或黑色"灼伤
状"，整片叶子形成杯状卷曲或皱缩，果实常不能正常成熟。缺钾
严重时，所有成熟叶片叶缘焦枯，整个叶片干枯后不脱落、残留在
枝条上。此时，枝条顶端仍能生长出部分新叶，发出的新叶边缘继
续枯焦，直至整个植株死亡。缺钾症状最先在成熟叶片上表现，幼
龄叶片不表现症状。随着植株的生长，症状扩展到更多的成熟叶
片。幼龄叶片发育成熟，也依次表现出缺钾症状。完全衰退的老
叶，则表现出最明显的缺钾症状。通常发生缺钾的土壤种类有：江
河冲积物、浅海沉积物发育的轻沙土，丘陵山地新垦的红黄壤，酸
性石砾土，泥炭土，腐殖质土等。土壤干旱，钾的移动性差；土壤
渍水，根系活力低，钾吸收受阻；树体连续负载过大，土壤钾素营
养亏缺；土壤施入钙、镁元素过多，与钾发生拮抗等，均容易导致
植株缺钾。

矫治土壤缺钾，通常可采用土壤施用钾肥的方法，氯化钾、硫
酸钾是最为普遍应用的钾肥，有机厩肥也是钾素很好的来源。根外
喷布充足的含钾的盐溶液，也可达到较好的矫治效果。土壤施用钾
肥，主要是在植株根系范围内提供足够的钾素，使之对植株直接有
效。注意防止钾在黏重的土壤中被固定，或在沙质土壤中淋失造成
损失。缺钾具体补救措施：在果实膨大及花芽分化期，沟施硫酸
钾、氯化钾、草木灰等钾肥。生长季的5—9月，用0.2％～0.3％
的磷酸二氢钾溶液或0.3％～0.5％的硫酸钾溶液结合喷药作根外
追肥，一般3～5次即可。山楂园行间覆盖作物秸秆、枝条粉碎还
田，可有效促进钾素循环利用，缓解钾素的供需矛盾。控制氮肥的
过量施用，保持养分平衡。完善山楂园排灌设施，南方多雨季节注
意排涝、干旱地区及时灌水等，对防止山楂园缺钾症状出现具有重
要意义。

（4）缺镁　山楂树缺镁初期，成熟叶片中脉两侧脉间失绿，失绿部分会由淡绿变为黄绿直至紫红色斑块，但叶脉、叶缘仍保持绿色。缺镁中、后期，失绿部分会呈现不连续的串珠状，顶端新梢的叶片上也出现失绿斑点。严重缺镁时，叶片中部脉间发生区域坏死，坏死区域比在苹果叶上的表现稍窄，但界限清楚。新梢基部叶片枯萎、脱落后，再向上部叶片扩展，最后只剩下顶端少量薄而淡绿的叶片。由于镁在树体内能够循环再利用，因缺镁严重而落叶的植株，仍能继续生长。镁元素缺乏，常常发生在温暖湿润、高淋溶的沙质酸性土壤，质地粗的河流冲积土，花岗岩、片麻岩、红色黏土发育的红黄壤，钠含量高的盐碱土及草甸碱土。偏施铵态氮肥、过量施用钾肥、大量使用石灰等，均容易使土壤出现缺镁现象。

缺镁的矫治，通常采用土壤施用或叶面喷施氯化镁、硫酸镁、硝酸镁的方法。土施每株用量 0.5～1.0 kg。叶面喷布 0.3％的氯化镁、硫酸镁或硝酸镁溶液，每年 3～5 次。

（5）缺钼　缺钼首先从老叶或茎的中部叶片开始出现症状，幼叶及生长点出现症状较迟，长期缺钼可导致整株死亡。缺钼一般表现为叶片出现黄色或橙黄色大小不一的斑点，叶缘向上卷曲呈杯状，叶肉脱落残缺或发育不全。缺钼与缺氮时的症状相似，但缺钼叶片易出现斑点，边缘发生焦枯，并向内卷曲，组织失水而萎蔫。缺钼一般发生在酸性土壤上，淋溶强烈的酸性土，锰元素浓度高，易引起缺钼。此外，过量施用生理酸性肥料会降低钼的有效性。磷含量不足、氮含量过高、钙含量低等因素，也易引起缺钼。

有效矫治缺钼的方法是喷施 0.01％～0.05％的钼酸铵溶液，为防止新叶受肥害，一般在幼果期喷施。对缺钼严重的植株，可增加施用的浓度和次数，可在 5 月、7 月、10 月各喷施一次浓度 0.1％～0.2％的钼酸溶液，叶色有望恢复正常。对强酸性土壤山楂园，可采用土施石灰矫治缺钼。通常每 667 m² 施用钼酸铵 22～40 g，与磷肥结合施用效果更好。

（6）缺钙　钙在树体中是一个不易流动的元素，因此，老叶中的钙比幼叶中的多，而且即使叶不缺钙，果实仍可能表现缺钙。山楂树缺钙早期，叶片或其他器官不表现外部症状，根系生长状况差，随后常出现根腐现象，根系受害出现症状表现在地上部之前。缺钙初期症状，幼嫩部位先表现生长停滞、新叶难抽出，嫩叶叶尖、叶缘粘连扭曲、产生畸形，严重缺钙时，顶芽枯萎，叶片出现斑点或坏死斑块，枝条生长受阻，幼果表皮木栓化，成熟果实表面出现枯斑。多数情况下，叶片并不显示出缺钙症状，而多表现在果实上，果实会出现多种生理失调症，例如苦痘病、裂果、软木栓病、痘斑病、果肉坏死、心腐病、水心病等，特别是在高氮低钙的情况下发病更多。缺钙会降低果实耐贮藏性能。容易出现缺钙现象的土壤是：酸性火成岩、硅质砂岩发育的土壤，高雨量区的沙质土，强酸性泥炭土，由蒙脱石风化的黏土，交换性钠、pH 高的盐碱土等。过多使用生理酸性肥料，如氯化铵、氯化钾、硫酸铵、硫酸钾等，或在病虫防治中经常使用硫黄粉，均会造成土壤酸化，促使土壤中可溶性钙流失。有机肥施用量少，或沙质土壤有机质缺乏，土壤吸附保存钙素能力弱，山楂树很容易发生缺钙现象。另外，干旱年份土壤水分不足，盐分浓度大，根系对钙的吸收困难，也容易出现缺钙症状。

山楂树缺钙的矫治，可在落花后 4～6 周至采果前 3 周，于树冠喷布 0.3%～0.5%的硝酸钙溶液，15 d 左右 1 次，连喷 3～4 次。果实采收后用 2%～4%的硝酸钙溶液浸果，可预防贮藏期果肉变褐等生理性病害，增强耐贮性。

(7) 缺硼 山楂树缺硼时，首先表现在幼嫩组织上，叶变厚而脆、叶脉变红、叶缘微上卷，出现"簇叶"现象。严重缺硼时，叶尖出现干枯皱缩，春天萌芽不正常，发出纤细枝后随即干枯，顶芽附近呈簇叶多枝状。根尖坏死，根系伸展受阻。花粉发育不良，坐果率降低，幼果果皮木栓化，出现坏死斑并造成裂果。秋季新梢叶片未经霜冻即呈现紫红色。

石灰质碱性土，强淋溶的沙质土，耕作层浅、质地粗的酸性土，是最常发生缺硼的土壤种类。天气干旱时，土壤水分亏缺，硼的移动性差、吸收受到限制，容易出现缺硼症状。氮肥过量施用引起氮和硼比例失调，山楂树缺硼加重。

矫治土壤缺硼常用土施硼砂、硼酸的方法，因硼砂在冷水中溶解速度很慢，不宜喷布使用。山楂树缺硼，可用 $0.1\% \sim 0.5\%$ 的硼酸溶液喷布，通常能获得较满意的效果。

（8）缺锌　山楂树缺锌表现为发芽晚，新梢节间变短，叶片变小变窄，叶质脆硬，呈浓淡不匀的黄绿色，并呈莲座状畸形。新梢节间极短，顶端簇生小叶，俗称"小叶病"。病枝发芽后很快停止生长，花果小而少，畸形。由于锌对叶绿素合成具有一定作用，因此树体缺锌时，叶片也可能发生黄化。缺锌严重时，枝条枯死，产量下降。

发生缺锌的土壤种类主要是有机质含量低的贫瘠土和中性或偏碱性钙质土，前者有效锌含量低、供给不足，后者锌的有效性低。长期重施磷酸盐肥料的土壤，锌因被固定而有效性降低。过量施用磷肥造成山楂树体内磷锌比失调，降低了锌在植株体内的活性，表现出缺锌症状。施用石灰的酸性土壤，易出现缺锌症状。氮肥易加剧缺锌现象。

缺锌的矫治可采用叶面喷布锌盐、土壤施用锌肥、树干注射含锌溶液及主枝或树干钉入镀锌铁钉等方法，均能取得不同程度的效果。山楂园种植苜蓿，可减少或防止缺锌造成的损伤。根外喷布硫酸锌，是矫正山楂树缺锌最为常用且行之有效的方法。生长季节叶面喷布 0.5% 的硫酸锌溶液。休眠季节喷施 2.5% 硫酸锌。土壤施用锌螯合物，成年山楂树每株施 $0.5~kg$，对矫治缺锌最为理想。

（9）缺铁　山楂的缺铁症状最先是嫩叶的整个叶脉间开始失绿，而主脉和侧脉仍保持绿色。缺铁严重时，叶子变成柠檬黄色，再逐渐变白，而且有褐色不规则的坏死斑点，最后叶片从边缘开始枯死。在树上普遍表现缺铁症状时，枝条细，发育不良，并可能出现梢枯。

植株缺铁初期，叶片轻度褪绿，此时很难与缺乏其他元素而导致的褪绿区分开来。中期表现为叶脉间褪绿、叶脉仍为绿色，两者之间界限分明，这是诊断植株是否缺铁的典型症状。褪绿发展严重时，叶肉组织常因失去叶绿素而坏死，坏死范围大的叶片会脱落，有时会出现较多枝条全部落叶的情况。落叶后裸露的枝条可保持绿色达几周时间，如铁素供应增加，还会发出新叶，否则枝条就会枯死。枝条枯死一直可发展到一个主枝甚至整个植株。

经常发生缺铁的土壤类型是碱性土壤，尤其是石灰质土壤和滨海盐土。土壤有效锰、锌、铜含量过高时，对铁的吸收有拮抗作用。重金属含量高的酸性土壤，土壤排水不良、湿度过大、温度过高或过低、存在真菌或线虫危害等，土壤积水使石灰性土壤中游离碳酸钙溶解产生大量碳酸氢根离子或根系与土壤微生物呼吸作用加强产生过多二氧化碳引起碳酸氢根离子积累，均可造成或加重山楂树缺铁。磷肥使用过量会诱发缺铁症状。主要有两方面原因：首先，土壤中存在的大量磷酸根离子可与铁结合形成难溶性磷酸铁盐，不利于植株根系吸收。再者，山楂树吸收了过量的磷酸根离子后，与树体内的铁结合形成难溶性化合物，既阻碍了铁在植株体内的运输，又影响铁参与正常的生理代谢。

在生产中，对于出现缺铁症状的山楂园应加强管理，土壤增施有机肥，同时叶面喷施1%硫酸亚铁水溶液或0.5%～1.0%的氨基酸螯合铁水溶液，每7～10 d喷一次，连续喷施2～3次。

(10) 缺硫　山楂树缺硫时，幼嫩叶片首先褪绿和变黄，色泽均匀、不易枯干，成熟叶片叶脉发黄、有时叶片呈淡紫红色。茎细弱、僵直。根细长而不分枝。开花结果时间延长，果实减少。缺硫严重时，叶细小，叶片向上卷曲、变硬、易碎，提早脱落。

缺硫症状极易与缺氮症状混淆，二者开始失绿部位表现不同。缺氮首先表现在老叶，老叶症状比新叶重，叶片容易干枯。而硫在植株中较难移动，因此缺硫在幼嫩部位首先出现症状。

缺硫常见于质地粗糙的沙质土壤和有机质含量低的酸性土壤。降雨量大、淋溶强烈的山楂园，有效硫含量低，容易表现硫素缺乏的症状。此外，远离城市、工矿区的边远地区，雨水中含硫量少。天气寒冷、潮湿，土壤中硫的有效性会降低。长期不用或少用有机肥、含硫肥料和农药，均可能出现缺硫症状。

　　植株缺少硫则蛋白质合成受阻，而非蛋白质态氮却有所积累，因而影响到体内蛋白质的含量，最终影响作物的产量。当作物缺硫时，即使其他养分都供给充足，增产的潜能也不能充分发挥。当山楂树发生缺硫时，每公顷可使用 30～60 kg 硫酸铵、硫酸钾或硫黄粉进行撒施矫治。叶面喷肥可用 0.3％的硫酸锌、硫酸锰或硫酸铜溶液，5～7 d 喷一次，连续喷 2～3 次即可。

　　(11) 缺锰　山楂树缺锰初期，新叶首先表现失绿，叶缘、脉间出现界限不明显的黄色斑点，但叶脉仍为绿色，且多为暗绿，失绿往往由叶缘开始发生。缺锰后期，树冠叶片症状表现普遍，新梢生长量减小，影响植株生长和结果。严重缺锰时，根尖坏死，叶片失绿部位常出现杂色斑点，后变为灰色直至苍白色，叶片变薄脱落，枝梢光秃、枯死，甚至整株死亡。

　　耕作层浅、质地较粗的山地石砾土，淋溶强烈，有效锰供应不足，容易发生缺锰。石灰性土壤由于 pH 较高，降低了锰元素的有效性，常出现缺锰症。大量使用铵态氮肥、酸性或生理酸性肥料，引起土壤酸化，使土壤水溶性锰含量剧烈增加，易发生锰过剩症。一般锰元素过剩发生在 pH 5.0～5.5 的土壤中。如果土壤渍水，还原性锰增加，也容易促发锰过剩症。

　　山楂树出现缺锰症状时，可在树冠喷布 0.2％～0.3％硫酸锰溶液，15 d 喷一次，共喷 3 次左右。应在土壤内含锰量极少的情况下采用土壤施锰，可将硫酸锰混合在有机肥中撒施。土壤施石灰或施铵态氮，都会减少锰的吸收量，可以以此来矫正锰元素过剩症状。

3. 配方施肥技术

　　当前，化肥已经成为农业生产不可缺少的一部分。化肥的施用一方面提高了作物的产量，保证了人类对粮食的需求，但是另一方面也给生态环境造成了一定的负面影响。现代农业面临的一个重要问题，就是如何使化肥在农业生产中最大化地发挥增产作用，又使化肥对生态环境的负面效应最小化。解决这一问题的根本途径是在农业生产中建立一套科学的施肥体系，测土配方施肥正是科学施肥技术之一。

（1）原理

① 养分归还学说。该学说由德国化学家李比希提出，作物生长要从土壤中吸收养分，每次收获必从土壤中带走某些养分，这样土壤肥力就会逐步下降，要维持地力和作物产量，就应当归还从土壤中带走的养分，归还的方式就是施肥。缺什么补什么，缺多少补多少。

② 同等重要且不可代替论。目前，国内外公认的高等植物所必需的营养元素有 17 种。它们是碳、氢、氧、氮、磷、硫、钾、钙、镁、铁、硼、锰、铜、锌、钼、氯和镍。之所以称这些元素为必需营养元素，是因为植物缺乏这些元素中的一种或几种就不能完成其生命周期，并且它们的作用是其他元素不可替代的。

③ 最小养分律。所谓最小养分就是指土壤当中最缺乏的那一种营养元素，作物为了生长必须要吸收各种养分，但是决定作物产量的却是土壤中那个相对含量最小的有效养分，产量在一定限度内随着这个因素的增减而相对变化，因而无视这个限制因素的存在，即使继续增加其他营养成分也难以再提高作物的产量。

④ 报酬递减律。生产实践证明，当施肥量增加到一定水平后，继续增加肥料反而导致作物产量下降，即施肥量与产量之间呈抛物线关系。认为只要保证作物生长的各因素，可无限提高作物产量的观念是错误的，生产中应遵循经济规律，注意投入与产出之间的关系，避免盲目施肥，达到增产、增收的目的。

另外，作物产量的形成是各种因子（如水分、养分、光照、温度、品种等）综合作用的结果。即施肥要在灌水、中耕、施药等措施的配合下，才能达到最理想的效果。

（2）作用

① 保证粮食安全。随着我国经济的飞速发展、人口数量的增长及人民生活水平的不断提高，一方面粮食需求不断膨胀，而另一方面我国的耕地面积正不断减少。为保证粮食安全，必须提高单位

面积产量。在化肥短缺的年代，只要施肥就能增产，没有注意"合理"的问题。随着化肥产量的增加，化肥的选择与施用就成了农业生产中的一个重要问题。只有通过土壤养分测定，根据作物需要，综合气候、品种等多种因素来确定施用化肥的种类和用量，才能持续稳定地增产，保证粮食安全。

②农民节本增收。肥料投入约占农业生产资料投入的50%。但是，施入土壤中的化学肥料利用率较低，氮肥的当季利用率为30%～50%，磷肥为20%～30%，钾肥为50%左右。未被作物吸收利用的肥料，在土壤中会发生挥发、淋溶和固定。肥料的损失很大程度上与不合理施肥有关。测土配方施肥能有效控制化肥用量和比例，达到降低成本、增产增收的目的。实施测土配方施肥，氮肥利用率提高10%以上，磷肥利用率提高7%～10%，钾肥利用率提高7%以上。2007年全国推广应用测土配方施肥42.67万 km^2，减少不合理施肥110多万 t（折纯量）。测土配方施肥节本增收的作用具体表现为两方面：一是调肥增产，即不增加化肥投资，只调整氮磷钾等肥料比例，就达到增产增收；二是减肥增产，在高肥高产地区，通过适当减少肥料用量而达到增产和平产效果。

③提高产量，改善品质。测土配方施肥促使作物平衡吸收养料，抗逆性明显增强，病虫害明显减少，并能提高产量、改善农产品品质。如增施钾肥的水果甜度增加，糖酸比明显提高。实行测土配方施肥，一般来说，常规大宗作物增产8%～15%，水果等经济作物增产达20%左右，每667 m^2 节约成本30元以上。

④节约资源，保护生态，培肥地力。2007年，我国化肥施用总量达5 000多万 t（纯养分），我国耕地面积不到世界的9%，化肥的消费量却占了世界的1/3。肥料是资源依赖型产品，每生产1 t合成氨约需要1 000 m^3 的天然气或1.5 t的原煤。氮肥的生产是以消耗大量的能源为代价的，同样磷肥的生产需要有磷矿，据中国磷肥工业协会的估算，我国高品质磷矿资源仅可利用至2012年。目前我国钾肥约70%依赖于进口。所以，采用测土配方施肥技术，提高肥料的利用率也是构建节约型社会的具体体现。当前，我国农

田肥料利用率仅为 30％左右，而发达国家为 50％～60％。就是说，农民习惯施用的化肥，有 70％左右白白浪费掉了。而这些浪费的肥料随雨水流入沟渠、河塘，日积月累使水质逐渐变差，甚至部分农村地区地下水已无法作为饮用水，农村的生态环境遭到破坏。化肥施用不合理，有机肥施用不足，导致土壤缺素加重，肥力下降，土壤结构变差，土壤板结，通透性降低，而且土壤保水保肥性能降低。甚至有些地区由于过量施肥，土壤发生酸化和盐碱化，作物不能正常生长，造成耕地土壤质量恶化。由于施肥不合理，土壤肥力降低，作物营养不平衡，导致农产品品质下降。测土配方施肥可改善土壤中养分比例失衡状况，改善土壤团粒结构，达到培肥地力的效果。

⑤ 利于科学用肥。现阶段，农民施肥不科学，多靠习惯和经验施肥，主要问题是"重氮磷肥、轻有机肥、忽视钾肥和微肥"，各元素施用比例长期严重失调。具体表现形式有：一是长期偏施氮肥，用碳酸氢铵、过磷酸钙作基肥，尿素作追肥，基本上不施钾肥，肥料用量大但产量不高；二是购买使用的复合肥配方与作物需求不符，比例不合理，效果不好；三是农家肥、有机肥施用太少，很多地方农民甚至不用农家肥、有机肥；四是忽视了硼肥、锌肥等微肥的施用。以上这些状况已经成为发展现代优质高效农业的重要障碍。提倡配方施肥能有效改善农民用肥的盲目性，指导农民科学用肥。

(3) 方法

① 土壤取样。土壤取样是土壤测试能否获得成功的关键，但又往往最易被人们所忽视。正确的田间取样是测土施肥体系中一个重要环节，取样的代表性严重影响测土的精确性。目前，国内对于方形或近方形的耕地采用十字交叉多点取样法，对于长形或近长形的地块采用折线取样法，对于不规则耕地依地形地貌分割成若干近方形及近长形的地块，再按方形或长形地块的取样方法取样。黄德明（1993）根据对不同面积土壤取样点数的合理分配的研究，提出了平原地区适宜的取样点数（表1-8）。

表 1-8　不同面积标准差估算的取样点数

面积（hm²）	0.13～0.26	13.33	33.33	66.66	100.00
取样点数	8～12	15～20	20～25	25～30	30～40

注：各养分的取样点数相同。

取样深度也很重要，取样深度应与作物根系密集区相适应。一般取样深度为 15～30 cm，对根深较深的作物可取至 50 cm 的深度。用作分析的混合土壤样品，要以 10 个以上样点的土壤混合均匀，然后采用十字交叉法缩分，保留 1 kg 左右土样供分析化验。取样时应注意避开追肥时期和追肥位置。由于农田土壤养分含量水平有一定的稳定性，所以并不需要每年采取土样分析，一般氮磷钾和有机质等成分可 3 年分析 1 次，微量元素可 5 年分析 1 次。取土过程中调查农户及取样点田间基本情况，在每个取样点代表区域内选择 5～10 个农户及田块，调查记载种植作物、产量水平、施肥品种与数量、灌溉水源、土壤类型及取样地点等基本情况。

② 土壤有效养分测定。在我国的测土施肥技术中，土壤全氮测量采用凯氏定氮法。土壤碱解氮测量采用碱解扩散法。我国土壤有效磷的提取方法主要有：碳酸氢钠法（即 Olsen 法），这种提取剂适用范围较广，可用于华北、西北及东北一部分的中性至石灰性土壤有效磷的提取，也可用于南方中性至微酸性的土壤；氟化铵-盐酸法（即 Bray 法），此法目前主要用于酸性土壤。土壤钾素的提取采用中性醋酸铵作为交换性钾的提取剂，用火焰光度计进行测定。也可用四苯硼钠提取，比浊法测定。土壤缓效钾常用提取方法是硝酸煮沸法，土壤缓效钾比较稳定，是不同土类土壤供钾潜力的良好指标。

③ 提出配方施肥建议。根据土壤测试得到的土壤养分状况、所种植果树预计要达到的产量以及这种果树的需肥规律，结合专家经验，计算出所需要的肥料种类、用量、施用时期、施用方法等。具体的方法有以下几种一是丰缺指标法，是根据前人研究所确定的养分含量"高""中""低"等指标等级确定相应的施肥方案。将土

壤养分测定值与氮、磷、钾等养分的分级标准进行比较，以确定测试土壤中该养分是属于"高""中""低"的哪一级，根据不同级别确定施肥量。一般在"低"等级时，施入养分量与作物消耗量的比为 2：1。在"中"等级时，施入养分量与作物消耗量的比为 1：1。在"高"等级时，不需要施肥。当然在进行施肥指导时，还应根据当地具体条件，如土壤水分含量、秸秆是否还田、有机肥的供应情况等适当调整。二是目标产量法，是 1960 年美国土壤化肥学专家 E. Turog 提出的，根据作物目标产量要求计算肥料需用量。其公式为：

$$W = (U - Ns)/(C \times R)$$

式中，W 为单位面积肥料需要量，U 为单位面积一季作物的养分总吸收量，U＝产量×单位产量的养分需要量，Ns 为单位面积土壤供肥量。C 为肥料中的养分含量，R 为肥料当季利用率。目标产量的高低受土壤肥力的制约，而土壤的基础产量反映土壤肥力水平。因此，目标产量与基础产量之间存在着一定的数量关系。表示这种数量关系的函数式一般为：

$$Y = X/(a + bX)$$

式中，Y 为目标产量，X 为基础产量。基础产量可通过田间设置不施肥小区来获得，或根据当地前三年作物平均产量求得。作物养分吸收量是达到一定经济产量所需的养分量，它随产量水平、作物品种、栽培技术和土壤及气候条件等因素而变化，在特定品种和一定栽培条件下，作物养分吸收量的变幅不大，可参考已有的资料确定。不施某种养分的小区的作物对该养分的吸收量可视作土壤供肥量，它与土壤有效养分含量之间存在着一定的函数关系，可依此函数算出土壤供肥量。肥料当季利用率依作物种类、肥料品种、土壤类型、气候条件、栽培管理和施肥技术等因素而变化，应根据当地试验数据确定。在实际应用中，应用一个比较简单的三要素肥力测定试验（表 1-9），加上土壤和植株的分析测定，就可以得出目标产量法需要的各种参数。

表 1 - 9　肥力测定处理表

处理	施肥内容
处理 1	空白区（不施肥）
处理 2	无 N 区（不施氮，其他肥料施足）
处理 3	无 P 区（不施磷，其他肥料施足）
处理 4	无 K 区（不施钾，其他肥料施足）
处理 5	全肥区（氮、磷、钾肥料均施足）

综上所述，应在土壤养分测定的前提下，结合不同作物需肥特点和肥效试验，以及对试验结果的正确判断来确定施肥方案，使其尽量科学。

（4）注意事项

① 果树是多年生植物，十几年甚至几十年生长在固定地点。果树树体的营养生长和生殖生长都具有连续性，果树一般是上年完成花芽分化，第二年开花结果。树体当年贮存营养物质，对于果树翌年的展叶、开花、坐果、果实前期生长都有很大影响。因此，果树配方施肥也应是多年连续的过程，这就是配方施肥实施当年效果不显著的原因之一。

② 注意树龄差异。幼龄的果树需要肥料的数量不大，对肥料很敏感，可以逐年增加用量，应保证磷肥供应充足。结果初期逐步增施磷钾肥，盛果期要氮、磷、钾合理配比，并加大施肥量，达到稳产高产的目的。老龄树体开始衰弱，要多施氮肥，促进生长，延长结果期。

③ 土壤质地差异。沙质土颗粒粗，孔隙大，通气透水性好，但保水、保肥性差，易造成水肥流失，应采取少量多次的方法施肥。黏质土与之相反，保水保肥性强，有机质分解慢，可以适当增大施肥量，减少施肥次数，并应该提早施肥。壤土的质地介于沙质土与黏质土之间，最适合果树生长，也是配方施肥最易实施、效果最显著的土壤类型。

④ 灌溉条件。肥效好坏很大程度上取决于灌溉条件。这是因为肥料一般都是固态的，进入土壤被水溶解后，有效养分在水溶液的状态下才能被根吸收。土壤含水量低于临界值时根系就不能吸收肥料，而且肥料容易挥发。灌溉量大或降水量过大会导致肥料淋失。因此，只有适当的水分条件才能提高肥料利用率。配方施肥时针对果园的灌溉条件应采取不同的施肥技术，原则上施肥后应立即浇水。对于水资源匮乏的果园可以实施分区（隔沟）交替施肥灌溉技术，既节省水肥，又有利于根系产生脱落酸（ABA），调节气孔开度，控制枝条旺长，提高果实品质。交替施肥灌溉使干旱土壤中的根系遇水生长加速，产生细胞分裂素（CTK），其向上传输会促进花芽分化。旱作果园可以应用穴储肥水地膜覆盖技术，简单易行，投资少，效益高。另外，盖草、盖膜、生草等措施也都有利于保水保肥、提高肥效。

⑤ 施用有机肥。有机肥不仅含有果树所必需的大量元素和微量元素，还含有丰富的腐殖酸类有机质。配方施肥时多施有机肥是果树取得稳产高产的关键一环。长期施用有机肥，可以明显改善土壤团粒结构、降低容重、保水、保肥、提高缓冲性，这非常有利于提高肥效和果实品质。

4. 水肥一体化

水肥一体化技术又称为水肥耦合、随水施肥、灌溉施肥等，是将精确施肥与精确灌溉融为一体的农业新技术，作物在吸收水分的同时吸收养分。

（1）优点 水肥一体化技术的优点主要为节水、节肥、省工、优质、高产、高效、环保等。与常规施肥相比，该技术可节省肥料50％以上。比传统施肥方法节省施肥劳力90％以上，一人一天可以完成几十公顷土地的施肥，可以灵活、方便、准确地控制施肥时间和数量，显著地增加产量和提高品质，通常产量可以增加20％以上，并且使果实增大，果型饱满，裂果少。应用水肥一体化技术可以减轻病害发生，减少杀菌剂和除草剂的使用，节省成本。由于水肥的协调作用，可以显著减少水的用量，节水达50％以上。

（2）方法

① 建立一套灌溉系统。水肥一体化的灌溉系统可采用喷灌、微喷灌、滴灌、渗灌等。灌溉系统的建立需要考虑地形、土壤质地、作物种植方式、水源特点等基本情况，因地制宜。

② 灌溉制度的确定。根据种植作物的需水量和作物生育期的降水量确定灌水定额。露地微灌施肥的灌溉定额应比大水漫灌减少50％，保护地滴灌施肥的灌水定额应比大棚畦灌减少30％～40％。灌溉定额确定后，依据作物的需水规律、降水情况及土壤墒情确定灌水时期、次数和每次的灌水量。

③ 施肥制度的确定。微灌施肥技术和传统施肥技术存在显著的差别。首先根据种植作物的需肥规律、地块的肥力水平及目标产量确定总施肥量、氮磷钾比例及基追肥的比例。作基肥的肥料在整地前施入，追肥则按照不同作物生长期的需肥特性确定次数和数量。实施微灌施肥技术可使肥料利用率提高40％～50％，微灌施肥的用肥量为常规施肥用量的70％左右。

④ 肥料的选择。选择适宜肥料种类。可选液态肥料，如氨水、沼液、腐殖酸液肥，如果用沼液或腐殖酸液肥，必须经过过滤，以免堵塞管道。固态肥料要求水溶性强，含杂质少，如尿素、硝酸铵、磷酸铵、硫酸钾、硝酸钙、硫酸镁等肥料。

⑤ 灌溉施肥的操作。首先，将肥料溶解与混匀，施用液态肥料时不需要搅动或混合，一般固态肥料需要与水混合搅拌成液肥，必要时分离，避免出现沉淀等问题。灌溉施肥的程序：第一阶段，选用不含肥的水湿润。第二阶段，施用肥料溶液灌溉。第三阶段，用不含肥的水清洗灌溉系统。

⑥ 配套技术。实施水肥一体化技术要配套应用作物良种、病虫害防治和田间管理技术，还可因作物制宜，采用地膜覆盖技术，形成膜下滴灌等形式，充分发挥滴灌节水节肥的优势，达到提高作物产量、改善作物品质，增加效益的目的。

（八）病虫害综合防治

果树病虫害防控要积极贯彻"预防为主，综合防治"的植保方针。综合防治的应用并不是几种防治措施的累加，也不是所有的病虫害都必须强调应用综合防治，而是以防治主要病虫害为主，兼顾其他病虫害的防治。果树病虫害综合防治方法包括植物检疫、农业措施防治、物理防治、生物防治、化学防治等措施。山楂园生产中病虫管理的核心是保护树体健康，而不是消灭病虫害，实行的是以果园生态系统群体健康为主导的有害生物生态治理新模式。只有这样才能真正实现果树生产的高效、低成本，才能实现经济效益、生态效益、社会效益的最优化。

1. 综合防治

（1）搞好预测预报　准确的病虫测报，可以增强防治病虫害的预见性和计划性，提高防治工作的经济效益、生态效益和社会效益，使之更加经济、安全、有效。病虫测报工作所积累的系统资料，可以为进一步掌握有害生物的动态规律，因地制宜地制订最合理的综合防治方案提供科学依据。

发生期预测主要预测病虫的发生和危害时间，以便确定防治时期。在发生期预测中常将病虫出现的时间分为始见期、始盛期、高峰期、盛末期和终见期。发生量预测主要预测害虫在某一时期内单位面积的发生数量，以便根据防治指标决定是否需要防治，以及需要防治的范围和面积。分布预测主要预测病虫可能的分布区域或发生的面积，对迁飞性害虫和流行性病害还包括预测其蔓延扩散的方向和范围。危害程度预测主要是在发生期预测和发生量预测的基础上结合果树的品种布局和生长发育特性，尤其是感病、感虫品种的种植比重和易受病虫危害的生育期与病虫盛发期的吻合程度，同时结合气象资料的分析，预测病虫发生的轻重及危害程度。

（2）加强农业防治　农业防治是利用先进农业栽培管理措施，

有目的地改变某些环境因子，使其有利于果树生长，不利于病虫发生危害，从而避免或减少病虫害的发生，达到保障果树健壮生长的目的。农业防治很多措施是预防性的，只要认真执行就可大大降低病虫基数。减少化学农药的使用次数，有利于保护利用天敌，因此农业防治是病虫防治的基础，是必须使用的防治技术。

① 选抗逆性强的品种和无病毒苗木。各国十分重视抗病育种与抗病材料的利用，选育和利用抗病、抗虫品种是果树病虫害综合防治的重要途径之一。抗病、抗虫品种不仅有显著的抗、耐病虫的能力，而且还有果品优质、丰产及其他优良性状。山楂树是多年生植物，被病毒感染后，将终生带毒、树势减弱、坐果率下降，盛果年限缩短，果实产量和品质降低。此外，病毒侵染还会使植株对干旱、霜冻或真菌病害变得更加敏感。生产中在保证优质的基础上，尽量选用抗逆性强的品种和无病毒苗木，这样，植株生长势强，树体健壮，抗病虫能力强，可以减少病虫害防治的用药次数，为无公害生产创造条件。无毒化栽培是当今山楂生产发展的主要方向，一些发达国家基本实现了山楂的无毒化栽培。

② 加强栽培管理。病虫害防治与品种布局、管理制度有关。切忌多品种、不同树龄混合栽植，不同品种、树龄的树病虫害发生种类和发生时期不尽相同，对病虫的抗性也有差异，混植不利于统一防治。加强肥水管理、合理负载、疏花疏果可提高果树抗虫抗病能力，适当修剪可以改善果园通风条件，减轻病虫害的发生。

③ 清理果园。果园一年四季都要清理，发现病虫果枝叶、虫苞要随时清除。冬季清除树下落叶、落果和其他杂草，集中处理，消灭越冬害虫和病菌，减少病虫越冬基数。冬季山楂树可剪除带山楂蚜虫、介壳虫、鳞翅目幼虫、黄刺蛾茧、蚱蝉卵的枝条以及扫除带有黑星病、褐斑病越冬菌源的落叶。长出新梢后，及时剪除感染黑星病的病梢，将剪下的病虫枝梢和清扫的落叶、落果集中后带出园外处理，切勿堆积在园内或做果园屏障，以防病虫再次向果园扩散。利用冬季低温和冬灌的自然条件，通过深翻果园，将在土壤中越冬的害虫如蝼蛄、蛴螬、金针虫、地老虎、食心虫、叶螨、苹掌

舟蛾铜绿丽金龟、棉铃虫等翻于土壤表面，使其被冻死或被其他动物捕食。深翻果园还可以改善土壤理化性质，增强土壤冬季保水能力。

果树树皮裂缝中隐藏着多种害虫和病菌。刮树皮是消灭病虫的有效措施。及时刮除老翘皮，刮皮前在树下铺塑料布，将刮除物质集中处理。刮皮在秋末冬初进行效果最好，最好选无风天气，以免大风把刮下的病虫吹散。刮皮的程度应把握小树和弱树宜轻，大树和旺树宜重的原则，轻者刮去枯死的粗皮，重者刮至皮层微露黄绿色为宜，刮皮要彻底。早春（3月或4月初）刮树皮，将树干和大枝上的老翘皮刮掉处理，消灭潜藏在老翘皮中的梨小食心虫、星毛虫、叶螨等害虫。第一年刮后必须隔1～2年才能再刮，以便潜伏芽破皮而出形成徒长枝，更新树冠或培养结果枝组。连续刮皮会将芽苞破坏，不能发枝。

对果树主干主枝进行涂白，既可以杀死隐藏在树缝中的越冬害虫虫卵及病菌，又可以防治冻害、日灼，延迟果树萌芽和开花，使果树免遭春季晚霜的危害。涂白剂的配制：生石灰、石硫合剂原液、水、黏土、食盐比例为10∶2∶40∶2∶（1～2），先加入生石灰、水、食盐，再加入适量杀虫剂，将以上物质溶化混匀后，倒入石硫合剂原液和黏土，搅拌均匀涂抹树干，涂白次数以两次为宜。第一次在落叶后到土壤封冻前，第二次在早春。涂白部位从主干基部直到主侧枝的分权处，树干南面及树权向阳处重点涂，涂抹时要由上而下，力求均匀，要注意勿烧伤芽体。

④ 果园种草和营造防护林。果园行间种植绿肥（包括豆类和十字花科植物），既可固氮，提高土壤有机质含量，又可为害虫天敌提供食物和活动场所，减轻山楂树虫害的发生。如种植紫花苜蓿的果园可以招引草蛉、食虫蜘蛛、瓢虫、食虫螨等多种天敌。有条件的果园，可营造防护林，改善果园的生态条件，形成良好的小气候。

⑤ 提高采果质量。果实采收要轻采轻放，避免机械损害，采后必须进行商品化处理，防止有害物质对果实的污染，贮藏保鲜和

运输销售过程中保持清洁卫生，减少病虫侵染。

（3）搞好物理防治　在山楂树病虫害管理过程中，许多物理方法，包括调节温度、湿度、光照、颜色等，对病虫害均有较好的控制作用，具体包括捕杀法、诱杀法、汰选法、阻隔法、热力法等。

① 捕杀法。捕杀法可根据某些害虫（甲虫、黏虫、天牛等）的假死性，进行人工振落或挖除操作后集中捕杀。

② 诱杀法。诱杀法是根据害虫的特殊趋性诱杀害虫。

A. 灯光诱杀。利用黑光灯、频振灯诱杀蛾类、某些叶蝉及金龟子等具有趋光性的害虫。将杀虫灯架设于果园树冠顶部，可诱杀果树上各种趋光性较强的害虫，这种方法可以降低虫口基数，并且对天敌伤害小，达到防治的目的。

B. 草把诱杀。秋天树干上绑草把，可诱杀美国白蛾、潜叶蛾、卷叶蛾、螨类、康氏粉蚧、蚜虫、食心虫、网蝽等越冬害虫。在害虫越冬之前，把草把固定在靶标害虫寻找越冬场所的分枝下部，能诱集绝大多数个体潜藏在其中越冬，一般可获得理想的诱虫效果。待害虫完全越冬后到出蛰前解下集中销毁或深埋，消灭越冬虫源。

C. 糖醋液诱杀。按照糖∶醋∶酒∶水＝1∶4∶1∶16的比例配制糖醋液，并加少许敌百虫。许多害虫如苹小卷叶蛾、食心虫、金龟子、小地老虎、棉铃虫等，对糖醋液有很强的趋性，将糖醋液放置在果园中，每667 m^2 放3～4盆，盆高一般1.0～1.5 m，于生长季节使用，可以诱杀多种害虫。

D. 毒饵诱杀。在吃剩的西瓜皮上撒施敌百虫放于果园中，可捕获各类金龟子。将麦麸和豆饼粉碎炒香成饵料，每1 kg加入30 g敌百虫30倍液，拌匀，放于树下，每667 m^2 用1.5～3.0 kg，每株树干周围一堆，可诱杀金龟子、象鼻虫、地老虎等。特别对新植果园应提倡使用此法。

E. 黄板诱杀。购买或自制黄色板，在板上均匀涂抹机油或黄油等黏着剂，悬挂于果园中，利用害虫对黄色的趋性诱杀。一般每667 m^2 挂20～30块，高度一般1.0～1.5 m，当粘满害虫时（一般为7～10 d）清理并移动一次。可诱杀蚜虫等。

F. 性诱剂诱杀。性外激素应用于果树鳞翅目害虫防治的较多。其防治作用有害虫监测、诱杀防治和迷向防治三个方面。性诱剂一般是专用的，靶标害虫种类有苹小卷叶蛾、桃小食心虫、山楂小食心虫、棉铃虫等。用性诱芯制成水碗诱捕器诱蛾，碗内放少许洗衣粉，诱芯距水面约 1 cm，将诱捕器悬挂于距地面 1.5 m 的树冠内膛，每个果园设置 5 个诱捕器，逐日统计诱蛾量，当诱捕到第一头雄蛾时为地面防治适期，即可地面喷洒杀虫剂；当诱蛾量达到高峰，田间卵果率达到 1% 时即树上防治适期，可树冠喷洒杀虫剂。一些发达国家对于苹果蠹蛾等害虫主要推广利用性信息素迷向来防治，利用塑料胶条缓释技术，一次释放性信息素可以控制整个生长期危害。使用性信息干扰剂后大幅度减少了杀虫剂的使用（减少80% 以上）。国内研究出在压低山楂小食心虫密度条件下，于发蛾低谷期利用性诱剂诱杀器诱杀成虫的防治技术，进行小面积防治示范，可减少使用化学农药 1~2 次。

③ 阻隔法。阻隔法即设法隔离病虫与植物以防植物受害，如设置防虫网不仅可以防虫，还能阻碍蚜虫等昆虫迁飞传毒；果实套袋可防止几种食心虫、轮纹病等的发生及危害；树干涂白可防止冻害并可阻止星天牛等害虫产卵危害；早春铺设反光膜或树干覆草，防止病原菌和害虫上树侵染，有利于将病虫阻隔、集中诱杀。

(4) 强化生物防治　利用有益生物或其代谢产物防治有害生物的方法即为生物防治，包括以虫治虫、以菌治虫、以菌治菌等。生物防治对环境污染小，对非靶标生物无作用，是今后果树病虫害防治的发展方向。生物防治强调树立果园生态学的观念，从当年与长远利益出发，通过各种手段培育天敌，利用天敌控制害虫。如在果树行间种植油菜、豆类、苜蓿等覆盖作物，这些作物上所发生的蚜虫给果园内草蛉、七星瓢虫等捕食性天敌提供了丰富的食物资源及栖息场所，可增加果树主要害虫的天敌种群数量。使用生物药剂防治病虫，在天敌盛发期避免使用广谱性杀虫剂的做法，既可保护天敌，又可弥补天敌控害的不足。保护和利用自然界害虫天敌是生物防治的有效措施，成本低、效果好、节省农药、保护环境。

（5）科学使用农药　化学农药防治果树病虫害是一种高效、速效、特效的防治技术，但它有严重的副作用，如病虫易产生抗性、对人畜不安全、易伤害天敌等，因此使用化学农药只能作为病虫害发生严重时的应急措施，以及在其他防治措施效果不明显时才采用的防治措施，进行化学防治要慎重。在使用中我们必须严格执行农药安全使用标准，减少化学农药的使用量。合理使用农药增效剂。适时打药，均匀喷药，轮换用药，安全施药。根据防治对象的不同，化学农药可以分为杀虫剂、杀菌剂、杀螨剂、杀线虫剂等。化学农药的施用要遵循以下原则：

① 正确选用农药。

A. 禁止使用剧毒、高毒、高残留农药和致畸、致癌、致突变农药。国家明令禁止使用六六六、滴滴涕、毒杀芬、二溴氯丙烷、二溴乙烷、杀虫脒、除草醚、艾氏剂、狄氏剂、汞制剂、敌枯双、氟乙酰胺、甘氟、毒鼠强、氟乙酸钠、毒鼠硅、砷类、铅类、甲胺磷、甲基对硫磷、对硫磷、久效磷、磷胺、甲基异柳磷、特丁硫磷、甲基硫环磷、治螟磷、克百、蝇毒磷、地虫硫磷、苯线磷等农药。

B. 允许使用生物源农药、矿物源农药及低毒、低残留的化学农药。允许使用的杀虫杀螨剂有苏云金杆菌、白僵菌、烟碱、苦参碱、阿维菌素、浏阳霉素、敌百虫、辛硫磷、吡虫啉、啶虫脒、灭幼脲、氟啶脲、氟铃脲、噻嗪酮、氟虫脲、马拉·辛硫磷、噻螨酮等。允许使用的杀菌剂有中生菌素、多抗霉素、硫酸链霉素、波尔多液、石硫合剂、菌毒清、抗霉菌素120、甲基硫菌灵、多菌灵、异菌脲、三唑酮、代森锰锌、百菌清、氟硅唑、三乙膦酸铝、噁唑菌酮、苯醚甲环唑、腈菌唑等。

C. 限制使用中等毒性农药品种。如氯氟氰菊酯、甲氰菊酯、S-氰戊菊酯、氰戊菊酯、氯氰菊酯、敌敌畏、哒螨灵、抗蚜威、毒死蜱、杀螟硫磷等。

② 适时用药。

A. 病虫害发生初期。化学防治应在病虫害初发阶段或尚未蔓延流行时，或害虫发生量小、尚未开始大量取食危害之前进行，此时防治对压低病虫基数，提高防治效果有事半功倍的作用。

B. 病虫生命活动最弱期。在 3 龄前的幼龄阶段的害虫，虫体小、体壁薄、食量小、活动比较集中、抗药性差。如介壳虫可在幼虫分泌蜡质前防治。

C. 害虫隐蔽危害前。在一些钻蛀性害虫尚未钻蛀之前进行防治。如卷叶蛾类害虫在卷叶之前、食心虫类在入果之前、蛀干害虫在蛀干之前或刚蛀干时为最佳防治期等。

D. 树体抗药性较强期。在果树花期、萌芽期、幼果期施药最易产生药害，这些时期应尽量不施药或少施药。而在生长停止期和休眠期，尤其是病虫越冬期，害虫潜伏场所比较集中，虫龄也比较一致，在这些时期防治有利于集中消灭，且果树抗药性强，对果树伤害小。

E. 避开天敌高峰期。利用天敌防治害虫是既经济又有效的方法，因此在喷药时，应尽量避开天敌发生高峰期，以免伤害害虫天敌。

F. 选好天气和时间。防治病虫害，不宜在大风天气喷药，也不能在雨天喷药，以免影响药效。同时不应在晴天中午用药，以免温度过高产生药害、灼伤叶片。喷药宜选晴天下午 4 时以后至傍晚进行，此时叶片吸水力强，吸收药液多，防治效果好。

G. 达到防治指标时防治。山楂叶螨麦收前达 2 头/叶时进行防治最为经济有效，蚜虫在 20% 虫梢率时进行防治最为经济有效。

③ 使用方法。

A. 浓度。农药防治往往需用水将药剂配成或稀释成适当的浓度，浓度过高会造成药害和浪费，浓度过低则达不到良好效果。有些非可湿性的或难于湿润的粉剂，应先加入少许水，将药粉调成糊状，然后再加水配制，也可以在配制时添加一些湿润剂。

B. 时间。喷药的时间过早会造成浪费或降低防效，过迟则大量病原物已经侵入寄主，即使喷内吸治疗剂，也收获不大，应根据发病规律和具体情况或根据短期预测及时在没有发病或刚刚发病时就喷药保护。

C. 次数。喷药次数主要根据药剂残效期的长短和气象条件来确定，一般隔 10～15 d 喷一次，雨前抢喷，雨后补喷，应考虑成本，节约用药。

D. 喷药质量。当前农药的使用是低效率的，经估算，从施药器械喷洒出去的农药只有 25％～50％ 能够沉积在作物叶片上，在果树上仅有 15％ 左右，不足 1％ 的药剂能沉积在靶标害虫上，农药大量飘移，洒落到空气、水、土壤中，不但造成人力、物力的浪费，还造成环境污染。采用先进的施药技术及高效喷药器械，防止跑冒滴漏，提高雾化效果，实行精准施药，防止药剂浪费和对生态环境的污染，是节本综合防控的关键环节。根据我国地貌地形及农业区域特点，可应用适用于平原地区、旱塬区及高山梯田区的专用高效施药器械，如低量静电喷雾机（可节药 30％～40％）、自动对靶喷雾机（可节药 50％）、防飘喷雾机（可节药 70％）、循环喷雾机（可节药 90％）等。同时，要不断改进施药技术，通过示范引导，逐渐使农民改高容量、大雾滴喷洒为低容量、细雾滴喷洒，提高防治效果和农药利用率。

E. 药害。喷药对植物造成药害的原因有多种，不同作物、同一作物的不同发育阶段对药剂的敏感性均不同，一般幼果期和花期容易产生药害。另外药害的发生与气象条件也有关系，一般以气温和日照的影响较为明显，高温、日照强烈或雾重、高湿都容易引起药害。如果施药浓度过高造成药害，可用喷清水的方法冲去残留在叶片表面的农药来缓解。喷高锰酸钾 6 000 倍液能有效地缓解药害，结合浇水，并补施一些速效化肥，同时中耕松土，能有效地促进果树尽快恢复生长发育。在药害未完全解除之前，尽量减少使用农药。

F. 抗药性。抗药性是指由于长期使用农药导致的使病虫具有耐受一定农药剂量（即可杀死正常种群大部分个体的药量）的能力。为避免抗药性的产生，一是需在防治过程中采取综合防治方法，不要单纯依靠化学农药，应采取农业、物理、生物等综合防治措施，使其相互配合，取长补短，尽量减少化学农药的使用量和使用次数，降低对害虫的选择压力。二是要科学地使用农药，首先加强预测预报工作，选好对口农药，抓住关键时期用药。同时采取隐蔽施药、局部施药、挑治等施药方式，保护天敌和小量敏感害虫，使抗性种群不易形成。三是应选用不同作用机制的药剂交替使用、轮换用药，避免单一药剂连续使用。四是不同作用机制的药剂混合使用，或现混现用，或加工成制剂使用。另外要注意增效剂的利用。

2. 主要病害防治

(1) 山楂锈病

① 危害特点。凡有桧柏、松、山楂存在的地方，都有该病分布。其危害部位为叶、绿嫩枝、叶柄和幼果。其中以危害幼果对产量损失最大。陕西商洛和辽宁丹东都曾有该病严重发生的报道。叶片受害，开始在叶面发生黄褐色小斑点，数目不一，少则1个，多则布满全叶。后单个病斑扩展为圆形，中部黄褐色，边缘淡黄色，最外面有一层绿色的晕圈，直径1～7 mm，表面密生黄褐色针头大的小点粒，后变为黑色，即病菌的性孢子器。病组织逐渐变厚，叶片病组织背面隆起，正面微凹陷，在背部隆起部位长出黄白色毛状物，即病菌的锈孢子器，一个病斑上可产生数十条毛状物，甚至布满全叶。锈孢子器成熟后，先端破裂，散出黄褐色粉末，即病菌的锈孢子。病斑后期变黑，当病斑布满全叶后，叶片枯死而脱落。托叶症状同叶片，叶柄、新梢受害，先是出现褪色斑，初期密生性孢子器，后在此处长出锈孢子器。后期病部呈褐色隆肿，严重时，叶柄、新梢枯死、易断。幼果受害，病斑初为黄色、隆肿，随果实生长而凹陷，病斑上密生小点粒状的性孢子器，初为黄色，后变为黑褐色。后在此处长出黄白色毛状的锈孢子器。后期病斑组织为黑褐色，病果畸形、干缩、早落。

② 发生规律。以冬孢子角在桧柏等针叶及绿茎上的菌瘿中越冬。3月中下旬，冬孢子角开始出现，4月上中旬为发生盛期，其

后，如连续 2～3 d 降雨 15 mm 以上，冬孢子角胶化，冬孢子和担孢子萌发。不同年份担孢子发生的早晚，与 4—5 月的降雨量及持续时间正相关。冬孢子和担孢子萌发的最适温度为 14～23 ℃。担孢子借风力传播到山楂树上危害，病菌侵染叶片后，潜育期 10 d 左右。叶龄在 15 d 以内的叶片极易发病。病害发生期为 5—6 月。山楂各品种的感病性，据沈阳农业大学在山楂品种园进行人工接种感病性测定，发现除山东平邑的红子，河南的 7803、7903 三个品种表现免疫外，其他栽培品种均感病。

③ 防治方法。砍除周围桧柏和杜松等树木，减少病菌来源。冬孢子角全部显露尚未胶化前，喷 5 波美度石硫合剂。冬孢子角胶化前喷 25％三唑酮 1 000 倍液，或 70％甲基硫菌灵 800 倍液，胶化后再喷 2 次，间隔 7～10 d。

(2) 山楂白粉病

① 危害特点。各山楂产区均有发生，在多雨地区发生较重，常造成受害苗木死亡。结果树受害严重时，叶片丧失功能，造成幼果大量脱落及果实畸形，同时影响养分积累，影响山楂树翌年开花结果。山楂的叶片、新梢和果实均可受害。嫩芽受害之初，发生褪色或产生粉红色的病斑。抽生新梢时，病斑迅速蔓延至幼叶，叶片两边均布满白粉，即病菌的分生孢子梗和分生孢子。被害新梢生长瘦弱，节间缩短，叶片纤细，扭曲纵卷，严重时终至枯死。6 月中旬后，病斑转为紫褐色，并产生黑色小点，即病菌的有性繁殖器官——闭囊壳。幼果在落花后即开始发病，首先在近果柄处出现病斑，生有白粉，果实向一方弯曲。以后病斑逐渐蔓延到果面。早期被害果多从果梗病痕处脱落。中期被害果病斑硬化龟裂，果实畸形，着色不良。后期果实近成熟时发病，果面产生红褐色粗糙的病斑，但果形正常。

② 发生规律。病原菌属子囊菌纲，白粉菌科。病菌以闭囊壳在病叶、病果上越冬。翌年春雨后放射出子囊孢子，首先侵染野生山楂幼苗及大树根蘗，并在其上产生大量的分生孢子，靠风媒传播，进行再侵染。从 6 月起，随着温度的升高和降雨的增多，病情

逐步加重，7月为发病盛期。立秋以后，发病逐渐停滞，10月停止发病。衰弱树易感病，实生苗发病较重。

③ 防治方法。每年清除落叶病果，减少侵染源，刮除山楂树干老翘皮。发病较重的果园，于发芽前喷5波美度石硫合剂，花后喷0.5波美度石硫合剂，或喷15％三唑酮乳油1 500～2 000倍液。6月初和7月上中旬，各喷一次75％百菌清加展着剂800～1 000倍液或50％多菌灵可湿性粉剂600～800倍液，或喷布50％硫菌灵可湿性粉剂800～1 000倍液。

(3) 苗立枯病

① 危害特点。该病在各产区均有发生，除危害山楂苗外，还危害多种苗木。该病病原菌不一，危害期不同，症状反应也不一致，主要表现为四种类型。A. 烂芽型。种子萌发后出土前，芽受病菌侵染在土中腐烂。这种类型常在低温、土壤潮湿及覆土较深的苗床内发生。B. 猝倒型。幼苗出土后幼茎木质化前，在幼根颈处发生水渍状病斑，以后腐烂，幼苗很快倒伏死亡。这种类型造成的死苗较重。C. 立枯型。幼苗木质化后，根部发生腐烂，茎叶枯黄干枯而死，但不倒伏。这种类型多发生在病苗的后期。D. 顶腐型（茎叶腐烂型）。从苗木顶端染病，以后蔓延至全树，茎叶萎蔫腐烂。前两种类型发生较普遍，后两种相对较少。

② 发生规律。立枯病主要是由镰刀菌等真菌引起的。病菌在土壤中腐生能力强，以土壤10 cm左右深的表土层处病菌最多。病菌在土壤中随流水、肥料和覆盖物等传播。从种子萌发到停止生长之前都可发病。感病苗株茎基变褐，组织腐烂缢缩，地上部褪色萎蔫，从缢伤处折倒。发病与幼苗木质化程度、温湿度有密切关系。幼苗出土期温度一般为20～25 ℃，为发病适温。此时，若土壤湿度大，则极易发病。老苗圃、低洼地及前作为瓜类、豆类、蔬菜和棉花的地块发病重。

③ 防治方法。择好苗圃地，以沙壤土作新圃地为好。避免和瓜类、豆类等作物重茬。做好土壤处理和种子处理。播前每667 m²施2.5～5.0 kg硫酸亚铁和杀菌剂，或用40％拌种灵或福美·拌种

灵可湿性粉剂拌种，每 50 kg 种子拌药 300～500 g。种子消毒亦可用 0.5％黑矾水浸种 5 h。先用清水把种子洗净，再用 45 ℃的水浸种 48 h，最后种子：湿沙＝1：2 催芽，种子露芽时即可播种。苗木出土后 20～30 d，2～3 片真叶和 4～5 片真叶时，用 1％的硫酸亚铁水溶液各浇灌一次。

（4）山楂花腐病

① 危害特点。该病在辽宁、吉林分布较广，鲁苏北栽培区也有发生。危害山楂叶片、新梢及幼果。叶片发病后，可造成叶腐和萎蔫焦枯。幼果染病后，果实腐烂，脱落。

② 发生规律。真菌病原菌在僵果内越冬。翌年春季，从地表潮湿处的病僵果上产生子囊盘。当平均气温达到 10～20℃并遇降雨时，此时正值展叶至开花期，子囊孢子侵染幼叶，遇气候潮湿，叶片上的病斑产生分生孢子，侵染幼果。

③ 防治方法。早春将果园普遍深翻 10 cm，埋压病菌子囊盘。4 月下旬在病园地面喷洒五氯酚钠 1 000 倍液，每 667 m² 用原药500 g。也可在地面撒石灰粉，每 667 m² 撒 25 kg。山楂树展叶50％时，树上喷 1 次 0.4 波美度石硫合剂或 700 倍甲基硫菌灵药液，间隔 3 d 后再喷 1 次，以防叶腐。盛花期树上喷 1 次 25％多菌灵可湿性粉剂 250 倍液。6 月下旬彻底清扫果园，将病果集中深埋。

（5）枝枯萎病

① 危害特点。中原和鲁苏北栽培区均有发现。新梢凋枯或梢叶、花垂萎，以后叶片变为水渍状，枯黄脱落，顶梢逐渐枯死。

② 发生规律。病菌的分生孢子和分生孢子器，埋在寄主（果桩）表皮下越冬。翌年开花前后向下蔓延，病斑环基部一圈后侵害梢叶和花。

③ 防治方法。加强综合管理，增强树势。精细修剪，剪除枯枝。在 7—8 月汛期喷 0.3～0.5 波美度石硫合剂。

（6）炭疽病

① 危害特点。炭疽病又称晚腐病，系真菌感染引发的病害，

主要危害山楂叶片和果实。

② 发生规律。正常年份在 6 月上旬开始发病，8 月下旬遇阴雨天气发病较重，叶片上病斑呈圆形或扁圆形，果实上病斑开始为淡褐色圆形，以后病斑中央出现黑色小点，呈同心轮纹状排列，严重时致果实脱落。

③ 防治方法。培养良好树冠，改善树体通风透光条件，冬季修剪完毕后要及时清理果园，可以有效清除越冬病原菌。生长季节要注意观察，及时摘除发病幼果。旬平均气温在 20～25 ℃且有连阴雨天气时发病较重，可采用 50％甲基硫菌灵 600～800 倍液喷雾，连喷 2 次，间隔期 5 d。

（7）日灼病

① 危害特点。山楂幼果日灼病，是一种非侵染性的生理病害。树势强壮、生长旺盛的山楂树发病较轻，枝叶量小、果实外露时发病较重。

② 发生规律。每年 6 月中下旬幼果期遇连续高温天气易发病，病斑多发生在向阳的果顶部位，2～3 d 之后病斑脱水呈褐色，严重者果肉和果核逐渐皱缩，而后果柄开始变黄以致幼果脱落。

③ 防治方法。注意合理修剪，使树体枝叶分布均匀，尽量减少阳光直射。在高温季节要及时灌水，弥补树冠因蒸腾作用散失的水分，并且水的蒸发散热使果实表面温度有所降低。采取树盘覆草的办法可增加果园湿度，幼果的灼伤相应减轻。在高温天气对果实、枝干喷施 100 倍石灰或滑石粉液，可增强反光，降低温度，减轻日灼病的危害。

3. 主要虫害防治

（1）桃小食心虫

① 危害特点。桃小食心虫属鳞翅目，蛀果蛾科。是各山楂产区主要虫害之一，以北方产区较重。桃小食心虫危害山楂时，幼虫多由果实肩部蛀入果内，果面可见针尖大小的蛀孔。幼虫蛀果后不久，从入果孔处流出泪珠状胶点，胶点干后形成白色粉末。被害果

着色早而不均匀，入果孔边缘变为褐色，幼虫在果内纵横串食果肉，将虫粪排满虫道，变成"豆沙馅"状，使果实失去食用价值。

　　② 发生规律。该虫在我国北方大部分地区一年发生 1～2 代，在甘肃一年发生 1 代。以老熟幼虫做茧，在树下或果场周围浅土层内越冬。冬茧水平分布，主要集中在树冠下隐蔽处，自根颈部向外 1 m 范围内。山地果园，冬茧水平分布较分散，多在树冠外围石缝、杂草和水沟附近。在山东省南部地区，翌年 5 月中旬，越冬幼虫开始咬破冬茧爬出地面，在土块、石缝和草根等隐蔽处，吐丝做一个纺锤形夏茧，在其中化蛹。从幼虫出土到成虫羽化，一般需 16～18 d。6 月中下旬是幼虫出土盛期，出土期可持续 60 多天。7 月上中旬是第一代幼虫蛀果盛期。桃小食心虫幼虫多在果内危害 20 多天，老熟后脱果。脱果早的入土做夏茧化蛹，继续发生第二代。发生较晚的个体，则做冬茧越冬。8 月中下旬为第 1 代成虫发生和产卵盛期。8 月中下旬至 8 月底，是第 2 代幼虫蛀果盛期。8 月底至 9 月下旬，第二代幼虫开始脱果。这一代发生数量少，而且不整齐。桃小食心虫的出土情况与温、湿度有密切关系。当旬平均气温达到 17 ℃以上、5 cm 深处地温达 19 ℃时，越冬幼虫开始出土。出土时还需要一定程度的土壤含水量，当土壤含水量低于 5% 时不能出土。在 5 月下旬至 6 月上旬，有适当的雨量分布时，其出土盛期多集中在 6 月上旬。若雨量分布不均，则出土高峰往往随降雨而出现若干次。在长期缺雨的情况下，将推迟幼虫大量出土的时间。每年发生 1 代的概率高。反之，春季雨水充足，每年发生 2 代的概率就大。成虫产卵情况与温、湿度也有很大的关系，早春温暖、夏季气候正常而潮湿的地区，桃小食心虫发生严重。高温干旱对桃小食心虫的繁殖有抑制作用。

　　③ 防治方法。A. 农业防治。在幼虫出土和脱果前，清除树盘内的杂草及其他覆盖物，整平地面，堆放石块诱集幼虫，然后随时捕捉；在第一代幼虫脱果前，及时摘除虫果，并带出果园集中处理。在越冬幼虫出土前，用宽幅地膜覆盖在树盘地面上，防止越冬代成虫飞出产卵，如与地面药剂防治相结合，效果更好。B. 生物

防治。桃小食心虫的寄生蜂以桃小甲腹茧蜂和中国齿腿姬蜂的寄生率较高。桃小甲腹茧蜂产卵在桃小食心虫卵内，以幼虫寄生在桃小食心虫幼虫体内，桃小食心虫越冬幼虫出土做茧后被食尽。因此可在越冬代成虫发生盛期，释放桃小食心虫的寄生蜂。C. 化学防治。当越冬幼虫连续出土 3～5 d，且出土数量逐日增加或利用桃小食心虫性诱剂诱到第一代成虫，达到出土盛期时，向树盘及树冠下的土壤喷施 75％辛硫磷乳油、50％二嗪磷乳油等药剂，杀死出土越冬幼虫。施药前应先除去杂草，施药后用锄头轻划表土，以利提高防治效果，主要消灭虫卵和初孵化的幼虫。当性诱剂诱捕器连续诱到成虫、树上卵果率达 0.5％～1％时，开始进行树上喷药。30％氰戊·马拉松乳油、1％甲氨基阿维菌素苯甲酸盐乳油、2.5％氯氟氰菊酯乳油、毒死蜱等的防效较好。

（2）桃白小卷蛾

① 危害特点。桃白小卷蛾又名白小食心虫，属鳞翅目，卷蛾科。北方产区发生普遍，危害较重，是主要蛀果害虫。

② 发生规律。在辽宁、河北、山东等省的苹果和山楂产地，一年发生 2 代。以老龄幼虫做茧越冬。在山楂树上、树干上很少，多在树下落叶和地面上结茧。危害山楂树的桃白小卷蛾，越冬幼虫于 5 月上旬开始化蛹，5 月中旬达盛期。蛹期 15～22 d。越冬代成虫在 5 月下旬至 6 月下旬发生，产卵于山楂叶背面，幼虫孵出后爬到果上蛀害。幼虫多从果萼洼处蛀入，还有的在果与果、果与叶相贴处蛀果，被害处堆有虫粪。幼虫在被害处化蛹，蛹期 10 d。第一代成虫于 7 月中旬至 8 月下旬发生，盛期为 7 月下旬至 8 月中旬。第二代卵多产于果面和叶背面。幼虫从果萼处蛀入，在果内危害一个半月。于 8 月下旬至 10 月中旬陆续脱果落地，在落叶内或土面上结茧滞育越冬。

③ 防治方法。A. 农业防治。秋季彻底清洁果园，刮除山楂树干上虫源；扫除山楂树下落叶内虫源。幼虫害果期及时摘除虫果。及时摘除第一代被害果（在化蛹前）集中销毁，以减轻下一代危害。B. 化学防治。在第一代卵集中孵化期喷布一次 50％杀螟硫磷

乳剂 1 000～1 500 倍液，可收到良好效果。成虫发生盛期喷布50％杀螟硫磷乳油 1 000 倍液、20％氰戊菊酯乳油 3 000 倍液 1～2 次。

（3）山楂小食心虫

① 危害特点。山楂小食心虫为鳞翅目卷蛾科的一个物种。以幼虫蛀果危害，一般从果实萼洼处蛀入，只食果肉，留下果皮，从蛀孔处排出大量虫粪，有吐丝缀连虫粪的习惯，极易识别。在北方山楂产区普遍发生，危害山楂果实。

② 发生规律。该虫在山东省一年发生 4～5 代，以老熟幼虫在地面结茧越冬。翌年 4 月在条件适宜时，老熟幼虫在越冬茧内化蛹，成虫在 5 月中旬至 6 月中旬出现，将卵散产在山楂果面上。第一代幼虫蛀入幼果，将粪便堆积在幼果之间，后在果内化蛹。7 月上旬至 8 月中旬第一代成虫出现。第二代幼虫从果实萼洼处蛀入，虫粪堆积在萼洼处。老熟幼虫在 8 月下旬至 9 月下旬脱果结茧越冬。危害山楂的是第三代至第五代，即从 6 月下旬开始至 9 月下旬，危害最重在 8—9 月。9 月下旬开始脱果越冬。

③ 防治方法。A. 农业防治。加强果园管理，合理施肥灌水，增强树势，提高树体抵抗力。科学修剪、疏花、疏叶，剪除病残枝及茂密枝，改善通风透光条件，雨季注意果园排水，保持适宜的温湿度，结合修剪，清理果园，将病残物集中深埋，减少病源。保护和利用天敌。B. 化学防治。在产卵盛期（4 月 20 日左右）喷布20％氰戊菊酯乳油，或 20％甲氰菊酯乳油，或 2.5％溴氰菊酯乳油各 4 000 倍液，杀卵杀虫效果明显。

（4）山楂叶螨

① 危害特点。山楂叶螨和苹果叶螨，又称红蜘蛛，属真螨目、叶螨科。这两种叶螨在山楂园中是危害叶片的重要害虫。各山楂产区均有发生，其中苹果叶螨以沿海省份发生较重。这两种叶螨危害山楂叶片，使叶片失绿，降低或丧失功能，造成落叶，也危害苹果等多种果树。两种叶螨在一个地区有交替危害的特点。

② 发生规律。山楂叶螨在北方产区一般每年发生 5～9 代。如

在辽宁省，每年发生 3～6 代，在河北省每年发生 3～7 代，在山西省每年发生 6～7 代，在山东省每年发生 7～9 代，在河南省每年发生 12～13 代。该虫均以受精雌螨在树体各种缝隙内及干基附近土缝里群集越冬，果实萼洼、梗洼处亦有越冬成虫。在山东省南部，花芽萌动时开始出蛰，盛花期前后为其产卵盛期。谢花后 7～10 d，第一代卵大量孵化，25 d 左右为第二代卵孵化盛期。以后各虫态同时存在，重叠发生，7—8 月繁殖最快，危害最重。在危害较重的树上，8 月可出现越冬代雌成虫。在危害较轻的树上，该虫一般 9 月下旬至 10 月初开始越冬，干旱年份发生重。危害时一般先冠内后冠外，先叶背主脉两侧，后叶片边缘，吐丝拉网，潜藏网下危害。

③ 防治方法。A. 农业防治。山楂叶螨主要在树干基部土缝里越冬，可在树干基部培土踩实，防止越冬螨出蛰上树。休眠期刮除老皮，重点是刮除主枝分杈以上老皮，同时喷洒 45％晶体石硫合剂 20 倍液、含油量 3％～5％的柴油乳剂效果更好。B. 生物防治。保护和引放天敌，山楂叶螨的天敌有深点食螨瓢虫、肉食蓟马、小花蝽、草蛉、粉蛉和捕食螨。C. 化学防治。花前是进行药剂防治叶螨和多种害虫的最佳施药时期，可采用 10％联苯菊酯乳油 6 000～8 000 倍液、50％抗蚜威超微可湿性粉剂 3 000～4 000 倍液、15％哒螨灵乳油 3 000 倍液、5％噻螨酮乳油 1 000～2 000 倍液等多种杀螨剂。注意药剂的轮换使用，可延缓叶螨产生抗药性。

（5）苹果叶螨

① 危害特点。苹果叶螨又名榆爪叶螨，属真螨目，叶螨科，北方产区受害较重。苹果叶螨吸食叶片及初萌发芽的汁液。芽严重受害后不能继续萌发而死亡；受害叶片上最初出现很多的失绿小斑点，后扩大成片，以致全叶焦黄而脱落。

② 发生规律。在辽宁省一年发生 6～7 代，在山东省和河北省一年可发生 7～9 代。以卵在短果枝、果台和芽旁等处越冬。翌年花蕾膨大时开始孵化，盛花期为孵化盛期。幼虫在叶丛、枝条茎部和叶面活动取食。5 月中旬出现第一代成虫，在叶背主脉两侧、近

叶柄处或叶面主脉凹陷处产卵。第二代成虫在 6 月上旬大量出现。6 月中旬为第三代产卵盛期，其间平均气温为 $19.8\sim20.2\,℃$。第二代以后，各代交错重叠发生。第一、第二代发生量较低，但数量逐渐上升。至麦收前后，第三至第五代发生数量急剧增加，危害严重，往往成虫吐丝下垂，随风飘荡扩散。随后，由于降雨冲洗及天敌活动，五六代以后数量急剧下降，9—10 月产卵越冬。苹果叶螨既能两性生殖，也能单性生殖。未交配的雌虫产下的卵全部发育成雄虫，交配过的雌虫产下的卵长成的成虫中雌、雄都有。雌虫一生只交配一次，雄虫可以交配多次。越冬代和第一代生殖能力显著高于其他世代。早春干旱有利于苹果叶螨繁殖。

③ 防治方法。A. 农业防治。在苹果叶螨出蛰前（一般为 2 月下旬），将树干及主枝分杈处粗皮刮下，然后在距地面 $20\sim50\,cm$ 处树干涂药环，用毛刷涂 4 cm 宽的机柴油石硫合剂混合液（废机油 60%、柴油 30%、石硫合剂 6%、杀螨剂 4%）。4 月下旬，将被驱避在药环下活动的苹果叶螨集中喷杀。秋季（8 月下旬）在树干上绑草把，诱集越冬苹果叶螨雌虫，翌年解冻前解除草把，运到果园外处理。冬季刮除树干及主枝上的翘皮集中处理。发芽前喷 $3\sim5$ 波美度石硫合剂消灭山楂叶螨越冬雌虫。B. 生物防治。全年释放草蛉卵一次，每株 1 000 粒，喷药一次，能有效地控制苹果叶螨的发生与危害。C. 化学防治。在花前、花后，当每个叶片活动螨达到 $400\sim500$ 头时，适时喷 $0.3\sim0.5$ 波美度石硫合剂，或 5% 噻螨酮乳油 2 000 倍液，或 10% 浏阳霉素 1 000 倍液。夏季喷 20% 四螨嗪悬浮剂 $2\,000\sim3\,000$ 倍液，或 50% 马拉·辛硫磷乳油 1 000 倍液。

（6）苹掌舟蛾

① 危害特点。苹掌舟蛾又名苹果天社蛾、黑纹天社蛾，苹掌舟蛾属鳞翅目，舟蛾科。各山楂产区均有发生。主要危害山楂、苹果、桃、杏、李等果树。幼龄虫群集叶背取食叶肉。幼虫长大后，分散危害，暴食叶片，仅留下叶柄，可造成全树叶片被吃光，严重影响生长和结果。

② 发生规律。成虫体长 22～25 mm，翅展约 50 mm。体黄白色、前翅中间部分有不明显的波状纹，基部有一个银灰色和紫褐色各半的椭圆形斑纹，近外缘处有 6 个并排的同样色彩的椭圆形斑纹。虫卵球形，黄白色，近孵化时变为灰褐色。幼虫老熟时体长50 mm 左右。1～3 龄虫体枣红色，虫体上生有黄白色长毛。幼虫在静止或受惊动时，头尾同时翅起，形似小舟故而得名。蛹体长23 mm，暗红褐色，有臀刺 6 个。该虫一年发生 1 代，以蛹在土中越冬。翌年 6 月中下旬始见成虫，7 月中旬为羽化盛期。成虫有很强的趋光性，夜间活动，产卵于叶背，常数十粒并排成卵块。卵期8～9 d，7 月中旬至 8 月中旬孵化出幼虫。幼虫有群集性，先群集于叶背，头向外，沿叶缘整齐排列。取食时，由叶缘向内退食叶肉，剩下表皮和叶脉成网状。小幼虫若受惊扰，则群体吐丝下垂。白天不活动，夜晚取食。1～3 龄幼虫群集，4 龄后食量大增，分散危害，严重时可将全树叶片吃光。8 月后幼虫老熟，进入树冠下土中化蛹。

③ 防治方法。A. 农业防治。冬、春季结合冬翻和刨树盘，将越冬蛹翻至土表冻死。B. 物理和生物防治。因害虫成虫具强烈的趋光性，可在 7、8 月成虫羽化期设置黑光灯，诱杀成虫。振动树枝，捕捉群集受振下垂幼虫，予以消灭。人工释放卵寄生蜂。C. 化学防治。25％灭幼脲悬浮剂 1 500 倍液、2.5％溴氰菊酯乳油3 000倍液、20％除虫脲悬浮剂 2 500 液可起到较好的防治效果。

（7）山楂星毛虫

① 危害特点。山楂星毛虫又名山楂斑蛾，俗名包饺子虫。属鳞翅目，斑蛾科。各山楂产区均有发生。此虫主要危害山楂、苹果、槟子、沙果、海棠和山荆子等。以幼虫取食芽、花蕾和嫩叶。花谢后，幼虫吐丝将新叶缀连成饺子状，使受害树叶凋落。

② 发生规律。成虫体长 9～13 mm，翅展 22～30 mm，黑色。复眼黑色。有触角。翅半透明，翅脉清楚可见，上有许多斑毛。卵椭圆形，长 0.6～0.7 mm，黄白色，近孵化时紫褐色，数十粒至百余粒密集成块。初孵幼虫及越冬幼虫体长 2 mm，淡紫褐色。老熟

幼虫体长 20 mm，黄白色至白色，纺锤形，体短而粗。头小，黑色，可缩在前胸中。前胸背板上有褐色斑和横线。每节两侧各有一排黑色的斑点。蛹体长 12 mm，初为黄白色，近羽化时变黑，裹于长纺锤形的白色薄茧中。该虫一年发生 2 代，以 2 龄幼虫在树皮裂缝或树下土中做茧越冬。翌年 4 月上旬，花芽膨大至开绽期，越冬幼虫出蛰，啃食幼芽、花朵及嫩叶。展叶后，移至叶片上危害，一头幼虫一般能危害 5～6 片叶，将叶片用丝包合成饺子形，在其中取食叶肉。5 月下旬至 6 月上旬后幼虫老熟，于包叶内做茧化蛹，蛹期 10 d 左右。6 月中下旬，成虫大量出现，成虫飞翔力弱，白天静栖在叶背或树干上，易被振落。傍晚活动，交尾产卵。卵多产在叶背。卵期 7～8 d。6 月下旬为幼虫孵化盛期。幼虫取食 10 d 以后，陆续潜藏越冬。

③ 防治方法。A. 农业防治。在早春山楂树发芽前，刮除老树皮，运出园外集中处理。幼虫包叶时，人工摘除虫叶。在成虫发生期，在清晨将其振落后扑杀。B. 化学防治。越冬幼虫出蛰期喷 90％敌百虫晶体 1 000 倍液；50％敌敌畏 1 000 倍液；5％溴氰菊酯乳油 2 000 倍液；50％辛硫磷乳油 1 000 倍液；20％氰戊菊酯乳油 3 000 倍液。

（8）刺蛾类

① 危害特点。刺蛾类属鳞翅目，刺蛾科。各山楂产区都有发生。以幼虫危害山楂、苹果等果树及多种林木的叶子。刺蛾种类很多，危害山楂的主要有青刺蛾、黄刺蛾和扁刺蛾。

② 发生规律。青刺蛾与扁刺蛾在山东和河北等省一年发生 1 代，在华中地区一年发生 2 代，多以老熟幼虫在树干周围 3～6 cm 深的土缝中做茧越冬。成虫发生期多集中于 7 月中旬。7 月中旬至 8 月，是幼虫危害阶段，到 9 月上中旬入土做茧越冬。黄刺蛾在北方产区一年发生 1 代，在华中以南地区一年发生 2 代，以老熟幼虫在枝干上做茧越冬。在一年发生 1 代区，成虫 6 月中旬出现，产卵于叶背，数十粒连成一片，也有散产者。7 月中旬至 8 月下旬，是幼虫发生与危害的盛期。在一年发生 2 代区，越冬代成虫于 5 月下

旬至6月上旬开始羽化,第一代幼虫于6月中旬孵化,7月大量危害至8月中旬,8月下旬,第二代幼虫老熟越冬。各种刺蛾的小幼虫,均有群集的习性,常数十条并排在一起,头朝外,由叶缘向内退食叶肉,将叶片食害成网状。2~3龄后,逐渐分散危害。5~6龄后,食量增大,危害更严重,常将整片叶子吃光。

③ 防治方法。A. 农业防治。剪杀幼虫,刺蛾3龄前小幼虫多群集危害,受害叶片上白膜状危害特征明显,可以用剪刀将整叶摘除消灭。单个老熟幼虫直接剪杀。保护刺蛾紫姬蜂、螳螂、蝎蝽等天敌。B. 物理防治。大多数刺蛾类成虫有趋光性,在成虫羽化期,可设置黑光灯诱杀,效果明显。C. 化学防治。虫害发生严重的年份,在卵孵化盛期和幼虫低龄期可采用无公害药剂喷杀,可选择25%灭幼脲悬浮剂1 500~2 000倍液、25%除虫脲悬浮剂2 000~3 000倍液、24%甲氧虫酰肼5 000倍液、1.2%苦·烟乳油800~1 000倍液。

(9) 小木蠹蛾

① 危害特点。小木蠹蛾,属鳞翅目,木蠹蛾科。该虫在北方产区均有不同程度的发生。辽宁省北部产区发生较重,严重时山楂受害率达80%~90%,是山楂的毁灭性虫害。被害枝干木质部被其幼虫蛀成上下纵横交错的通道,树势逐渐衰弱,最后全株死亡。

② 发生规律。成虫体长16~20 mm,翅展32~42 mm,通体暗灰色至灰褐色。触角线状。前翅沿前缘有7~12条黑色纹,在前缘近顶角处,有较为明显的弯曲黑纹,后翅暗灰褐色。老熟幼虫长25~40 mm,头部红褐色至红黑色,头部明显比胸部窄。前胸背板红褐色,但前缘、后缘及背中线为浅黄褐色。幼虫体色为橙黄色,体背每节有一条深红色的宽横带,腹足趾钩环状。臀足趾钩为横列式。幼虫能分泌一种特殊的气味。蛹长16~19 mm,黄白色至黄褐色。茧长圆筒形,外堆土粒和叶屑等。该虫一年半或两年发生1代,以2龄、4龄及5龄幼虫越冬。幼虫化蛹前,在虫道中吐丝结茧,茧极薄,可透视到蛹及幼虫。羽化时孔口处露出一半蛹皮。5月末开始羽化,也有7月上旬至8月上旬羽化的。成虫产卵于枝

干皮缝处。幼虫从皮缝处蛀入。1～2龄幼虫在皮层和木质部外层危害，3龄以后逐渐深入木质部危害，蛀成不规则的相互连接的通道，并不断排出虫粪和大量木屑。其中的一部分以丝连缀，其余者大量堆积在孔口下的地面上。老树和大树受害严重，受害后2～3年，枝干开始坏死，最后全树死亡。

③防治方法。A. 农业防治。秋季或早春刮树皮，可消灭越冬小幼虫。树干涂白，防止成虫在其上产卵。B. 化学防治。毒杀幼虫：建议用磷化铝片（每片0.6 g）1/4或1/6塞入蛀孔内，或用棉球浸沾80%敌敌畏乳油5倍液塞入蛀孔内，或注入80%敌敌畏乳油或50%马拉硫磷乳油800倍液，然后用黄泥封闭蛀孔。防治成虫：在成虫发生盛期，喷80%敌敌畏乳油或50%马拉硫磷乳油1 000倍液。

（10）天幕毛虫

①危害特点。天幕毛虫，属鳞翅目，枯叶蛾科。各产区均有发生，以幼虫危害叶片，严重时可将叶片吃光。

②发生规律。卵为圆筒形，灰白色，直径约0.8 mm，高1.3 mm，常200～400粒卵粘在一起，围绕枝条构成一个顶针形的卵块。幼虫初孵化时通体黑色。老熟幼虫体长50～55 mm。头部蓝灰色，散布黑点，并有许多淡褐色的长毛，头两侧各有两条橙黄色纵纹。气门上线黄白色，纵纹间蓝色。幼虫的腹面暗灰色。蛹黄褐色，长17～20 mm，有淡褐色短毛。雌蛹明显大于雄蛹。在黄白色的丝茧中化蛹。丝茧上有许多黄粉。雌成虫体长18～24 mm，翅展29～40 mm，通体黄褐色。雄成虫体长16 mm，翅展24～32 mm，通体黄白色。该虫一年发生1代，以完成胚胎发育的幼虫在卵壳中越冬。翌年山楂芽开绽时，幼虫从卵里爬出危害。初期在卵块附近群集危害，以后逐渐下移至枝杈处，晚间取食。5月中下旬，老熟幼虫开始在卷叶里、两叶之间或树下杂草中吐丝结茧化蛹，蛹期10～12 d。5月末至6月中旬，成虫羽化。成虫交尾后产卵于当年生枝上，每头雌虫产一个卵块。当年胚胎发育成熟后，幼虫不爬出卵壳，而在其中休眠越冬。卵常被一种黑卵蜂寄生，寄生率可达

60%以上。

③ 防治方法。A. 农业防治。结合疏枝，秋冬季节剪除有卵块的枝条。幼虫期可剪除丝茧，歼灭幼虫。B. 物理防治。成虫有趋光性，可在果园里放置黑光灯或高压汞灯防治。C. 化学防治。常用药剂为80%敌敌畏乳油1 500倍液或52.25%氯氰·毒死蜱乳油2 000倍液、90%敌百虫晶体1 000倍液、50%辛硫磷乳油1 000倍液、25%喹硫磷乳油或50%混灭威乳油1 500倍液、50%杀螟硫磷乳油或50%马拉硫磷乳油1 000倍液、10%溴氰·马拉松乳油、20%氰戊·马拉松乳油2 000倍液、2.5%氯氟氰菊酯或2.5%溴氰菊酯乳油3 000倍液、10%联苯菊酯乳油4 000倍液。

（11）山楂绢粉蝶

① 危害特点。山楂绢粉蝶，属鳞翅目，粉蝶科。该虫在北方山楂产区均有发生，以幼虫啃食危害叶芽、花芽、花蕾和叶片，造成秃枝。

② 发生规律。卵为金黄色，直立柱状，上端稍窄，底部稍宽，高1.5 mm，表面有纵棱突起12～14条。一般数十粒卵直立堆在一起。幼虫头黑褐色，胸部及腹部黄褐色或橙黄色，背线淡紫色，体侧有一淡紫色纵条，全身密布淡黄色细长毛。老熟幼虫体长40～50 mm，头部、前胸背板、胸足和臀板皆为黑色，体背有三条黑色纵纹，其间夹杂两条黄褐色纵带。气门环黑色。全身有许多小黑点，并密布黄白色细毛。蛹体长约25 mm。初化蛹为黄色，以后变为橙色，上面密布黑色斑点，触角、胸足、翅缘及中胸均为黑色，腹面有一黑色宽纵带。成虫体长20～25 mm。雄虫翅展60～80 mm，雌虫翅展71～82 mm。体黑色，布满灰白色细毛。触角黑色。雄虫顶端两节淡黄褐色。雌虫尾端5节为白色稍绿。前翅、后翅均为白色，翅脉黑色。雌虫前翅外缘除臀脉外，翅脉末端有一烟黑色三角形斑纹。该虫一年发生1代，以2～3龄幼虫在卷叶中的虫巢内越冬。当山楂芽开绽时，幼虫转移到芽上危害，在芽上拉丝、啃食嫩叶。以后在枝上拉丝张网，似天幕毛虫的网。幼虫蜕皮2～3次后，开始分散危害。5月上中旬开始老熟，在树枝、树干等

处化蛹。蛹向上稍倾斜，以一根丝缠绕在蛹体中部，悬挂在枝上，腹部末端固定在枝干上。5月下旬开始羽化。成虫白天取食花蜜，特别喜食葱花花蜜。凌晨气温低，成虫不能起飞，栖息在开花植物及树叶上。成虫在叶片背面产卵，卵量为200～500粒。卵期10 d。初孵化的幼虫成群啃食叶片。经蜕皮1～2次后，于7月中旬开始将叶片连缀成巢，群居其中越冬。

③ 防治方法。A. 农业防治。越夏、越冬的幼虫，所吐丝缀成的枯叶巢极明显。可结合冬剪将其剪除。利用其幼虫群集及假死特性，将其振落后集中消灭。B. 化学防治。在幼虫孵化盛期，喷25％灭幼脲悬浮剂1 000～2 000倍液，或90％敌百虫晶体1 000倍液，也可喷施50％辛硫磷乳油1 500倍液，或20％氰戊菊酯、5％S-氰戊菊酯乳油3 000～4 000倍液。也可喷洒苏云金杆菌乳剂600倍液。

（12）山楂花象甲

① 危害特点。山楂花象甲，属鞘翅目，象甲科。主要分布在北方山楂产区。危害部位包括芽、叶、花、果实。

② 发生规律。该虫一年发生1代，以成虫在树干翘皮或落叶、杂草中越冬。成虫于4月上中旬出蛰。此时正值花序开始伸出。出蛰后的成虫，取食嫩芽和嫩叶，一般在叶背取食叶肉。成虫体长3.7 mm左右。雌成虫浅赤褐色，雄成虫暗赤褐色。成虫出蛰后，即于白天交尾。4月中旬为产卵盛期，卵产于花柱深处，卵期11 d左右。卵初产出时为乳白色，孵化前变为淡黄色。成虫产卵后，便取食花蕾，导致脱落。越冬成虫从5月下旬起陆续死亡。幼虫于4月下旬先后孵化，并在蕾内取食雄蕊、雌蕊、花柱和子房，然后转至花托基部危害，致使花蕾脱落，幼虫随花落地，并在其中化蛹。蛹期9 d左右。蛹长3.7 mm左右，初期为淡黄色，羽化前变为黑褐色。5月下旬至6月上旬，成虫开始羽化，10 d左右可羽化完毕。成虫在花蕾中静伏2～3 d，咬破外壳后即取食。当年羽化的成虫，主要危害幼果，将喙插入果内吸食果肉，致果实龟裂或凸起，严重影响品质。取食10余天后，一般为6月中下旬，即开始入蛰。

③防治方法。A. 农业防治。山楂花象甲天敌很多，如寄生蜂等，应注意保护和利用。及时清扫落地花蕾，集中深埋土中，以消灭幼虫和蛹。B. 化学防治。成虫产卵之前，即花序分离期，喷施90%敌百虫晶体800～1 000倍液；80%敌敌畏乳油1 000～2 000倍液；50%杀螟硫磷乳油1 000～1 500倍液。

(13) 梨小吉丁虫

①危害特点。梨小吉丁虫，属鞘翅目，吉丁虫科。北方山楂产区均有发生。危害部位为山楂树的枝干。

②发生规律。该虫每年发生1代，以幼虫在枝干隧道内越冬，翌年山楂树萌动后开始活动危害。4月中下旬，幼虫老熟化蛹。5月上中旬，始见成虫。成虫体长9.0 mm左右，宽2.7 mm左右，背面有紫红色光泽，腹面黑色微有光泽。5月中下旬见卵。卵长1.0 mm，宽0.3 mm，扁椭圆形。初产出时乳白色，渐变为淡黄色。6月上旬，幼虫陆续发生。幼虫老熟时体长约1.7 mm，宽约3.2 mm，细长略扁，为淡黄白至淡黄色。幼虫孵化后，蛀入韧皮部与木质部间，沿树干向下蛀食，隧道多呈螺旋形弯曲，多在幼树主干上危害。梨小吉丁虫的幼虫近老熟时，便向木质部内钻蛀，当钻至6 mm左右深时，便向上和向树皮方向蛀成船形蛹室，并用虫粪、木屑封闭后端，在其中越冬。

③防治方法。A. 农业防治。在成虫发生期，清晨于树下铺一塑料布，振落捕杀成虫，每隔3～5 d进行一次，把成虫消灭在产卵之前。B. 化学防治。幼树和结果小树，能看到幼虫危害部位的，可用80%敌敌畏乳油或20倍煤油或轻柴油溶液，涂抹被害部位表皮，只涂隧道下端虫体附近即可。为提高防治效果，可用刀在隧道下端纵划一二刀，深达木质部，以利药剂渗入，毒杀幼虫效果更好。也可以用敌敌畏喷布防治，喷药时枝干上要喷布周到，5月下旬喷布第一次，隔15～20 d再喷一次，可达到良好的防治效果，且可兼治害螨、卷叶蛾等多种害虫。

(14) 茶翅蝽

①危害特点。茶翅蝽，属半翅目，蝽科。该虫在各山楂产区

均有发生。该虫危害山楂的新梢、叶柄和果柄。

② 发生规律。该虫一年发生 1 代，以 2 龄若虫在树干翘皮缝越冬。翌年山楂发芽时，若虫开始活动，在新梢上吸食汁液，6 月下旬羽化。成虫和若虫白天群集于枝干阴面，夜间吸食叶柄、果柄处汁液，可造成落叶和落果。雌雄成虫于 8 月上旬至 9 月上旬交尾，9 月上旬起在树干翘皮中产卵。卵期 10 d 左右。若虫取食一段时间后，蜕皮一次即越冬。

③ 防治方法。A. 农业防治。刮树皮，消灭越冬若虫。在成虫产卵期，寻找卵块，予以刷除。夏季炎热时，于中午趁虫群集于枝干阴面时，集中剪除处理。B. 化学防治。在越冬若虫开始活动时，喷布 25％灭幼脲悬浮剂 1 000～2 000 倍液，进行防治。

（15）金龟子

① 危害特点。金龟子属鞘翅目。该虫在各山楂产区均有发生。金龟子危害山楂的花、叶和果实。

② 发生规律。危害山楂花与叶的金龟子，主要有苹毛金龟子、白星金龟子和小青金龟子。危害果实的主要有白星金龟子。均为一年发生 1 代，成虫在土中越冬。危害期从 3 月起，不同类型的金龟子一直危害到 9 月，危害盛期为 5—7 月。成虫有假死和趋光性。

③ 防治方法。A. 农业防治。人工振落并扑杀成虫。设灯光诱捕成虫。幼虫每年随地温变化而垂直移动，地温 20 ℃左右时，幼虫多在深 10 cm 以上处取食，一般在夏季清晨和黄昏由深处爬到表层，咬食竹柳近地面的茎部、主根和侧根，在新鲜被害植株下深挖，可找到幼虫集中处理。B. 化学防治。在成虫危害盛期，喷布 2.5％溴氰菊酯 1 500～2 500 倍液，限用一次，距采果 30 d 以上，残留量应小于 0.1 mg/kg。

（16）银杏超小卷叶蛾

① 危害特点。银杏超小卷叶蛾属鳞翅目。幼虫危害山楂和山里红的花蕾及幼果，可导致大幅度减产。

② 发生规律。此虫一年发生 1 代，以老熟幼虫在枝干翘皮缝

下结白色茧越冬。3月下旬至4月上旬，当日平均温度达3～5℃时开始化蛹，气温7.0～7.5℃时达化蛹盛期，化蛹期较为集中。成虫羽化始期最早在4月下旬，多数年份在5月初，此时正值山楂花序伸出期、山里红花序分离期。发生盛期多在5月上旬，5月中旬结束。此时已到山楂花序分离期、山里红露瓣期。成虫羽化十分集中，开始羽化后第二天即始盛期，3～4 d即达高峰，5～6 d即达末盛期。卵发生期迟于成虫发生期3～4 d，发生盛期是5月上旬，正值山楂花序分离期。虫多在5月中旬至5月下旬孵出。孵化集中，约7 d全部孵化，此时为山里红花瓣开裂至盛花期、山楂花序分离至露瓣期。幼虫在果内生活约20 d，5月末至6月中旬脱果爬至树干翘皮缝中结茧越夏、越冬。

③ 防治方法。A. 农业防治。银杏超小卷叶蛾的幼虫在翘皮下越冬，刮翘皮可消灭越冬幼虫。由于被害状极明显，摘除被害花蕾和幼果可收到良好效果。B. 化学防治。在成虫羽化末盛期至卵孵化始期（约在山楂花序分离期）喷洒2.5%的溴氰菊醋乳油2 500倍液，1次即可消灭卵及初孵幼虫，达到控制危害的目的。

（九）采收和贮藏加工

1. 采收

（1）采前准备　采收前应先准备好采果篮、果筐（箱）、蒲包、塑料袋及必要的人力、采果器械等。

（2）时期　确定采收时期的主要依据是果实成熟度、果品用途和市场供求情况等。当果实达到生理成熟时，外观一般表现为：果实已全面着色，颜色鲜艳亮丽，果点明显，果肉微具弹性，略有香气，风味良好。这时便可准备采收。若采收过早，果重偏小，糖度低，果实品质差，贮藏中烂果多。若采收过晚，果重亦降低，果实变软不耐贮运，还会加重采前落果。在达到生理成熟时采摘的山楂果可用于鲜食或加工，若用来加工山楂罐头、蜜饯、糖葫芦等应保持原形；用于长途运输者，要求果肉硬度稍大，在果实尚未完全成熟，具有山楂风味、香气和应有的大小时便可采收。此外，还应综合考虑市场供应、贮运能力、劳动力调配等情况进行决定。

各地具体的采收时期，因品种、气候等的不同而不同。如山东泰安大货山楂、敞口山楂在 10 月上旬采收，河南辉县豫北红在 9 月底至 10 月初采收，辽宁辽阳的辽红在 10 月上旬采收，秋里红在 9 月中下旬采收。

(3) 方法　目前主要是人工采收。采收时用双手捧紧整个果穗的果实后，朝果柄方向稍用力推一下，便可将全部果实带着小果柄摘下，再轻轻地放入采果篮中。这种采摘方法比棒打法采收的果实破损少。

2. 分级包装

(1) 分级　在采果过程中应随时挑除小果、病果、有明显刺伤果和虫蛀果等。采收后先堆放在树下阴凉处，盖草或席片遮阴，待散热后进行分级、包装。分级一般可掌握以下标准。

① 一级果。果个较大，每千克不超过 120 个，果面整齐、果面全红、无锈斑、无虫孔和机械伤。可适应较长时间的运输、贮藏或用于加工制罐头、果脯、糖葫芦等。

② 二级果。果个较大，每千克不超过 120 个，果面有少量锈斑、果面全红、果形整齐、无虫孔，可有 10％以内的机械伤。可用于一般加工或及时进入市场鲜销。

③ 三级果。果个稍小，每千克不超过 160 个，果面基本全红，果形及锈斑不限，无虫孔，可有机械损伤，但不变形，无破碎和腐烂果，可用于立即加工取汁、制酱或干制，不能久存和贮运。

(2) 包装　包装用品可本着就地取材的原则，保证果品质量和便于运输即可。根据用途及运输距离的不同，采用不同的包装方法。用于鲜销或制作罐头、果脯、糖葫芦等需要保持原形者，或要进行较长时间的运输和贮藏者，包装材料应用硬度较大的果筐或木箱、硬塑料箱。内衬蒲包或其他柔软的材料，一件全重量最好在 15～25 kg，便于搬运。长途运输时应防止挤压、雨淋、暴晒、闷热，最好在夜间行车，但要注意防冻。

3. 贮藏保鲜

当前山楂果品的贮藏保鲜主要包括简易贮藏、冷藏和气调贮藏。

(1) 简易贮藏

① 半地下窖贮藏法。地下窖规格：选择地势高、气候干燥、环境阴凉的屋后或树荫下挖窖，窖深 20～30 cm，宽 70 cm 左右，长度依果量和窖地的具体情况而定，将挖出的土培在窖沿四周高 10 cm，并把窖底和四壁周围铲平拍实。

贮藏方法。果实入窖前，首先用松柏小枝将窖底与四周密铺，以防果实直接与土接触，还可调节窖内湿度，再把经过预冷的山楂轻轻地散存于窖内，果堆中间比地面高出 10 cm 左右，两边应低于地面 10～20 cm，呈屋脊形，在果堆上再覆盖一层松柏枝，上盖苇席。

贮藏期间的管理。入窖后不要急于封窖，白天可先盖苇席防止太阳直射。夜间取下散热，并利于露水湿润果皮，防止干燥。霜降以后在果堆上加盖松柏枝 15～18 cm，窖内保持 0～2 ℃的温度，当气温降到 -7 ℃以下时，果上加盖厚 23～27 cm 的树叶，或加盖玉米秆等保温。第二年春天随温度的升高，将其覆盖物逐渐减薄。需要取果时可从窖一头开口，随用随取或一次取完。此法优点是投资少，效果好，简便易行。

② 地下窖贮藏法。地下窖规格：由砖、石砌成的地下弓窖长 4.0 m，宽 3.0 m，深 2.5 m，呈东西向，窖顶南北两侧各设 3 个通气孔，规格 20 cm×20 cm、高出窖面 30 cm。窖中间设一个窖口，长宽各 80 cm。用普通条筐（高 55 cm，上口直径 45 cm）盛果放入窖中，每筐盛果 25 kg，窖内可装 100 筐，共能贮藏山楂 2 500 kg。

贮藏方法。将山楂先预冷 5 d，再轻轻装入内衬硅质橡胶袋的条筐中，在窖中温度降到 10 ℃以下时入窖。入窖后前期（10 月 19 日至翌年 1 月 24 日）温度变化为由 8 ℃降至 1 ℃，相对湿度 85%～90%。中期（1 月 25 日至 2 月 28 日），温度变化为由－0.6 ℃升至0.4 ℃，相对湿度同前期。后期（2 月 29 日至 3 月 28 日），温度变化为由 0.5 ℃升至 1.0 ℃，相对湿度同前期。整个贮藏期间注意定期、定时调节（关闭）通气孔进行通风换气，经 162 d 后好果率可维持在 92.7%，山楂果实外观鲜艳饱满，果柄鲜绿。此方法优点是易掌握、投资少、效益明显。

（2）**冷库贮藏**　在进行山楂的大量贮藏时，一般都采用通风库和冷库贮藏。山楂贮藏前需在有制冷设备的冷库预冷，使果实温度迅速下降至贮藏适温。在入库前，库房要经过消毒。消毒后的冷库，在入贮前要提前开机制冷，使库温降至贮藏山楂的适温。一次入库的数量不宜过多，每天入库量占库容量的 10%左右为宜。将预冷后的山楂果实用塑料袋包装，扎紧袋口，温度控制在 0～2 ℃，湿度 95%左右。此法贮藏果实鲜亮，无烂果或很少烂果。

（3）**气调贮藏**　气调贮藏是在建有气密条件较好的冷藏库的基础上，增加调节及测定气体成分、温湿度的机械设备和仪器，贮藏效果比普通冷藏大大提高。如气调大帐法，选用厚度为 0.1～0.2 mm 的聚乙烯膜，做成容量为 500～1 000 kg 的大帐贮藏山楂，效果也比较好。具体方法包括大帐自然降氧法、人工降氧法、硅窗气调大帐法等。可以采用堆码、箱装、筐装等包装方法。常用的为人工降氧法中的碳分子筛气调贮藏法。也可用厚约 0.02 mm 的高压聚氯乙烯薄膜黏合成容量为 2 500～10 000 kg 的塑料大帐。帐内的调气方式有自发气调和快速降氧两种。入帐初期，帐内气体组分变化较大，每天要测气 2 次，气体状况稳定以后每天测气 1 次，冬季气温稳定以后可每周测气 1 次。氧浓度低时要补入空气，二氧化碳浓度过高要设法消除。果实放入周转箱或筐中后再放入塑料大帐中，利用调整开关技术，把气体成分控制在 O_2 含量 3%～5%，CO_2 含量小于 2%，于 0～0.5 ℃下贮藏。利用此法可贮藏 7 个月，其好果率可维持在 95%以上。

4. 加工

山楂果实酸甜可口，可鲜食亦可加工成饮料、罐头、果酒、果醋、果酱、果脯、果冻等。

(1) 山楂汁 选取新鲜、成熟、无病虫害、没有腐烂的果实，用水冲洗干净，除去杂质。用打浆机或破碎机将山楂粉碎，再用浓度为30%、温度为90 ℃的糖水浸泡果肉，以糖水与果肉体积比为2∶1的比例浸泡24 h后，捞出果肉或沥出果汁，再以同样体积的清水把果肉煮沸20~30 min，并浸泡24 h，沥出汁液，倒入第一次浸泡的糖水中。两次混好的山楂汁，加人浓度为50%的糖浆，把糖分调到16%，加柠檬酸使酸度达到0.6%，再加适量的六偏磷酸钠和食用色素。充分搅拌后，用细布或白绒布过滤，过滤后加热至80 ℃，装瓶、盖上瓶盖，在90 ℃热水中加热20分钟，取出冷却到40 ℃时，即可入库。成品呈深红色、半透明，静置后有少量沉淀，原汁液含量不低于40%，可溶性固形物含量15%~18%。

(2) 罐头 选用新鲜饱满，果实横径在2.5 cm以上，成熟度八九成，色泽鲜艳，无病虫害、无伤烂的果实，用清水将果实漂洗干净，用捅核刀除去果核及柄。将果实放入80 ℃以上的热水中保持2~4 min，待果肉稍变软时立即捞出，并尽快冷却、装罐。果实预煮后尽快装罐，装罐时将破碎果拣出，按果实大小、色泽等品质进行分级装罐，同一罐内果实的色泽、大小应基本一致。加热排气的温度为90~95 ℃，排气时长10 min左右，以罐内中心温度75 ℃以上为准，真空排气封罐则保持真空度在60 kPa以上。采用常压杀菌，杀菌温度为100 ℃，杀菌时间为5~20 min，杀菌后将罐头分段冷却至37 ℃。成品要求果实呈红色，色泽较一致，糖水较透明，允许含有少量不引起混浊的果肉碎屑，具有本品种糖水山楂罐头应有的风味。

(3) 果酒 选用成熟、新鲜饱满、色泽好、糖度高的山楂果实，剔除病虫害果、腐烂果及杂质，利用辊式破碎机破碎果实，但不压破果核。在发酵前，需要往山楂发酵液中补加白砂糖，以提高酒精产量。由于山楂果实含水量低，不利于发酵，故调糖时可将白砂糖配成低浓度的糖液加进去，一般所加的糖液浓度为12%～15%，山楂果与糖液的质量比例为1∶(1.0～1.5)，混合均匀后输入发酵容器内，立即加入焦亚硫酸钾（钠）。

接种酒精酵母，酒精酵母先驯化培养在山楂浆中，使其适应酸性环境，待发酵旺盛时采用分割接种法扩大培养。一般接种后20 h内即可开始发酵，液面出现泡沫，果渣上浮，每天要用压板将果渣等搅散压入液中，以利果肉进行均匀发酵。保持发酵温度为20 ℃左右，经7～20 d，发酵液糖分降至1%以下时即可分离。将分离出的山楂原酒进一步发酵25～30 d，当残糖降至0.5%以下时，再次分离，即得山楂原酒。将原酒移入贮酒的容器内，用脱臭的酒精调整原酒的酒度达15°以上，添满容器，密封后即转入陈酿阶段。

（4）果醋 选取新鲜、成熟度好的山楂，除去腐烂果、杂质，洗去果实表面的泥土，捞出沥水。用挤压破碎机将山楂挤破，但不破碎果核。在破碎后的山楂中加入0.5%～0.6%的果胶酶，以利于提高出汁率。为了防止山楂果汁在发酵过程中受到杂菌的污染，需加入40 mg/L的二氧化硫，静置12 h。把山楂发酵酒与山楂浸泡酒液按一定比例混合，拌入灭菌后的麸皮、稻壳，制成酒精体积分数为6%～8%的醋基，接入醋酸菌，搅拌均匀，再固态进行醋酸发酵，原料的水分含量控制在60%左右。控制室温为25～30 ℃，品温39～41 ℃，不超过42 ℃，每天倒缸1次，使其固态物质松散，供给醋酸菌充足的氧气，并散发热量。经过12～15 d的醋酸发酵后，品温开始下降，应每天取样测定其醋酸含量。当发酵温度降至31～33 ℃，测得醋酸含量不再升高时醋酸发酵即可结束。

（5）果酱 果实充分成熟、色泽好、无病虫害、无腐烂现象。果实用清水漂洗干净，并除去果实中夹带的杂物。按料液质量比为1.0∶0.5的比例称取果实和水，置于锅中加热至沸腾，然后保持沸腾状态20～30 min，将果肉煮软至易于打浆。果实软化后，趁热用打浆机进行打浆1～2次，除去果梗、核、果蒂、皮等杂质，即得山楂泥。加糖浓缩，先将白砂糖配成质量分数为75%的糖液并过滤，然后将糖液与山楂泥混合入锅浓缩，蒸汽压力保持在245 kPa，浓缩中要不断地搅拌，以防焦煳。浓缩后期，蒸汽压力控制在147 kPa左右。浓缩至果酱的可溶性固形物含量达到 65％以上即可出锅。趁热装瓶，保持酱温在 85 ℃以上，装瓶不可过满，顶隙度以 3～5 cm 为宜。装瓶后立即封口。100 ℃高温杀菌 5～20 min，杀菌后分段冷却到 37 ℃。成品要求酱体呈红色或红褐色，均匀一致，具有山楂酱应有的酸甜风味，无焦煳味及其他异味。

（6）果脯 选用新鲜饱满、色泽鲜艳、果个较大（果径在2 cm以上）、果肉厚及组织紧密、成熟度为八九成、无病虫害的山楂果实作原料。用清水将果实漂洗干净，将果蒂、梗及核除掉。糖煮时山楂与白砂糖质量比为 2∶1。先将 4/5 的白砂糖配成质量分数为40％的糖液，置于锅中煮沸后倒入山楂果实，迅速加热至沸腾，保持微沸 30 min，然后用小火慢慢煮制，使果实均匀沸腾，以免剧烈沸腾使果实破裂。然后将剩余的白砂糖分 2 次加入，继续煮到果肉全部被糖液浸透、呈透明状时，即可出锅，将果实连同糖液一起置于缸内浸泡 12 h。从糖液中捞出果实，沥干糖液，放在竹屉或烘盘内，装入烘房架干燥，干燥温度为 60～65 ℃，干燥时长为 10 h 左右，烘至果脯不粘手、软硬适度、含水量在 18％时即可出烘房。按质量要求进行山楂脯的分级包装。

（7）果冻 将山楂果漂洗干净，破碎或切成 2～4 瓣，倒入锅中，加入与果实等质量的水，加热煮沸 10～20 min，并不断搅拌，使山楂果实的糖、酸、果胶、维生素 C、色素等成分充分溶解，然后用布过滤出汁液。剩下的果渣，加等质量的水进行第二次煮沸、滤汁，将 2 次提取的果汁混合，用布过滤，待用。剩余的果渣可用于生产山楂酱、果丹皮等制品。将山楂汁称重后，倒入双层锅中加热浓缩。待山楂汁温度升高到 101 ℃时，或浓缩至原山楂汁质量的1/2～3/5 时，开始加入白砂糖，加糖量为原山楂汁质量的 40％～60％，继续加热浓缩，在浓缩过程中要不断除去液面出现的泡沫。用小勺取出少许山楂汁，置于空气中，其表面很快就结成皮状时即可停止加热。山楂汁加糖浓缩结束后，待汁温降到 85 ℃时，立即装入四旋瓶中密封，经过杀菌、冷却即为成品。

二、柿

（一）概述

1. 产业现状

柿树在我国分布广泛，生长区域的界线十分明显。适宜其生长的地区的生态气候条件为年平均气温在 10 ℃以上、年降水量在 450 mm 以上，所以柿树多数分布在北纬 33°～37°。我国柿树种植主要区域东起辽宁的大连、河北的山海关，沿长城西延至山西省内的吕梁山，经陕西的延安市宜川县到甘肃的天水市，南下到四川岷江水系以南，向西至四川省阿坝藏族羌族自治州的小金县，沿四川省西部的大雪山、雅砻江南下到云南省，后至云南省玉溪市元江哈尼族彝族傣族自治县为南界。在此区域以外还有一些小气候地区也有分布。2017 年，柿树在中国的栽培面积达66 700 hm²以上，年产鲜柿果 73.3 万 t。栽培面积较大的有山东、河南、河北、山西、陕西、安徽、浙江、福建和湖北等省份，其次是四川、北京、广西、贵州、云南、广东、江西等省份。

除我国外，世界其他国家栽培的柿树较少，年产鲜柿果仅 100 万 t 左右。在亚洲，除中国外，日本栽培较多，年产量 34 万 t；韩国、印度、菲律宾等国也有少量栽培。欧洲柿树栽培多在地中海沿岸，以意大利栽培柿树较多。美国南部、南非的纳塔耳和德兰士瓦、北非的阿尔及利亚等地区也有零星栽培。

柿树适应性强，栽培管理容易，树的寿命长、产量高，果实色泽艳丽、味甘甜、多汁、营养丰富。不论是在平地、山地，还是在盐碱地、土质瘠薄的地块都能种植，生长状况良好。尤其是耐盐碱力较强的特性使柿树成为海滩开发种植的主要树种之一。柿树在一般栽培管理条件下，二三十年生树可结果 100～200 kg，四五十年生树产量可达 400～500 kg。柿树主产区，到处可见一二百年生的大树仍果实累累。如山东菏泽柿产区，至今还有五百年生的老树。

柿果含有可溶性固形物 10％～22％，每 100 g 鲜果中含有蛋白质 0.7 g，糖类 11 g，钙 10 mg，磷 19 mg，铁 0.2 mg，B 族维生素 0.2 mg，维生素 C 16 mg。柿果主要用于鲜食，在柿果销量较大的中国、日本、菲律宾、新加坡、马来西亚、印度尼西亚等国家，人们除经常食用外，还把柿果作为传统的节日佳品。我国自明代后，把柿作为"木本粮食"，现今仍把柿果作为时令果品而广泛栽培。

柿果除了鲜食外，还可加工成柿饼、柿酱、柿干、柿糖、柿汁、柿味果冻、柿味果丹皮、柿酒、柿醋、柿霜等食品。我国柿产区的人民自古以来就有以柿果加面粉制作摆饼的传统做法，用烘柿和柿饼制作的食品一直深受人民群众的喜爱。由此看来，柿树是有价值的木本粮食果树。

柿蒂、柿涩汁、柿霜、柿叶可入药，能治疗肠胃病、心血管病，还有止血润便、降压、解酒等作用。柿霜对热咳、口疮炎、喉痛、咽干等症有显著疗效；柿蒂可治疗呃逆、百日咳及夜尿症；柿涩汁里含有单宁类物质，是降压的有效成分，对高血压、痔疮出血都有疗效。柿叶茶，最早是日本民间饮用，近几年来，我国也开始生产。柿叶茶含有类似茶叶中的单宁、芳香类物质，还含有多种维生素类、芸香苷、蛋白质、无机盐和黄酮等。其中柿叶中维生素 C 含量最多，100 g 叶中含有 3 500 mg 维生素 C。常饮柿叶茶，对稳压、降压、软化血管和消炎均有一定的疗效，还可加快人体新陈代谢，并有利小便、通大便、止牙痛、润皮肤、消除雀斑、除臭、醒酒等作用。

柿树适应性及抗病性均强，叶片大而厚。到了秋季柿果红彤彤，外观艳丽诱人；到了晚秋柿叶也变成红色，此景观极为美丽。故柿树是园林绿化和庭院栽培的最佳树种之一。既可美化环境，又可获得较为可观的经济效益。

园艺界通常将柿的品种分为完全甜柿、不完全甜柿、完全涩柿、不完全涩柿 4 个品种群。据王劲风、方正明在《甜柿引种栽培》一书中介绍，1979 年衫浦氏等学者从上述 4 个品种群里选出 40 个品种，在果实发育期间，对果实内乙醇、乙醛含量与脱涩关系进行了研究，发现除完全甜柿的脱涩同乙醇、乙醛含量无关外，其余 3 个品种的脱涩均与乙醇、乙醛的含量密切相关。苏联学者如考夫斯基在《栽培植物及其分化中心辞典》中阐述：柿属二种［柿、君迁子（黑枣）］，初生基因中心在中国，次生基因中心在日本。左大勋、刘鎏等在《柿树溯源》的研究论述中指出：柿是由野柿经人们长期选育而产生的。我国的野柿广泛分布于西南、东南地区及长江流域。王劲风等根据对罗田甜柿原产区的考察认为：近代在作为柿次生基因中心的日本，由于不完全甜柿品种的基因突变，产生了多个甜柿品种，很多优良品种是由芽变和自然杂交后代选育出来的。

柿果内有单宁类物质，通常情况下，这些单宁类物质在柿果细胞内呈可溶性状态，使柿果具有涩味。这些具有涩味的果实，若在树上不能完成自然脱涩过程，直到果实着色、正常采收时仍有涩味，称为涩柿。涩柿必须在采摘后通过脱涩处理或一定时间的后熟，使果实内的可溶性单宁变为不溶性单宁，才可食用。我国栽种的大部分柿树品种如磨盘柿（又称盖柿、盒柿、腰带柿、帽儿柿等）、莲花柿（又称小荸子、托柿）、绵瓢柿（又称绵柿、绵羊头）、牛心柿（又称水柿、幅盔柿）、铜盆柿（又称扁花柿、方柿）和大红袍柿等均为涩柿。完全甜柿则是在长期的栽培过程中，通过天然的偶发实生及芽变选种，或通过常规的杂交育种，以及胚乳培养、细胞融合和利用非减数配子等选育方法，使柿树品种产生变异，有的单宁细胞变小，单宁含量降低，有的乙醇脱氢酶含量增加，使果实在树上的生长发育过程中，细胞内的可溶性单宁转变为不溶性单宁，未转变的可溶性单宁含量降至 0.5% 以下，使人们在采收食用时感觉不出涩味。总之，完全甜柿与涩柿主要区别是在正常采收情况下，果实软熟之前，能否在树上完成自然脱涩过程。甜柿与涩柿相比，不仅省去了人工脱涩过程和脱涩设备，而且由于柿果鲜硬而便于运输，开拓了营销区域，延长了货架期，提高了商品性能和经济价值。

甜柿主要分布在日本、中国和韩国，意大利、新西兰、美国也有少量栽培。日本是生产甜柿的主要国家，世界上的甜柿栽培品种多数源于日本。日本从公元 1214 年在神奈川县都筑郡柿生村大学王禅寺发现了第一个不完全甜柿品种禅寺丸，到明治、大正时代，甜柿生产逐步走向园艺化栽培，同时致力于试验研究工作。至 1889 年又发现了次郎、富有等品种，通过半个多世纪的努力，选育出了骏河、伊豆、新秋、阳丰、丹丽、锦绣、太秋等甜柿品种，还通过芽变选种、胚乳培养、细胞融合等技术培育新的甜柿品种，总计达 200 多个，其中已注册的甜柿品种为 143 个。现生产上应用较广的品种主要是富有、次郎以及富有、次郎的芽变品种，其次是骏河、伊豆、新秋、阳丰、锦绣、太秋、禅寺丸、花御所、赤柿等。日本甜柿种植面积约 1.3 万 hm²，总产 12 万 t。

原产我国的甜柿种质资源仅有罗田甜柿，主要分布于湖北、湖南、安徽三省交界的大别山区。如湖北省黄冈市的罗田县、麻城市，河南省信阳市的商城县，安徽省六安市的金寨县及其周围地区。罗田甜柿是我国固有的完全甜柿品种，其栽培历史已有 900 年以上，比日本最古老的甜柿品种禅寺丸还早 180 多年。该品种的基本特点是果实小，平均单果重 68 g，大小较整齐，扁圆形，果皮细腻无裂纹，无纵沟、缢痕，果肩平，果柄短，果肉橙红色，黑斑小而少，纤维中等长度，肉质脆，味甜，可溶性固形物含量 18%，种子 4～8 粒，椭圆形，饱满，成熟期为 10 月下旬，果实生育期为 155 d。树姿半开张，树冠圆头形，耐湿热，抗干旱，高产稳产，寿命长。该品种果实小，在温度较低的地区，不能完全脱涩。近年来，湖北省林业科学研究院与华中农业大学合作，在大别山区收集了 5 个甜柿新类型和 10 个罗田甜柿的变异单株。通过分析，发现罗田甜柿变异范围非常广泛，有些变异类型可直接用于生产，有些经遗传改良后亦可在生产中应用。

2. 存在问题

(1) 市场不畅 柿的营养价值和保健功能尚未得到人们科学的认识，人们对柿的消费观念还停留在古典书籍中，还存在诸多的食用禁忌，没有形成消费习惯。果农商品意识淡薄，缺乏有效的组织，龙头企业数量少、带动力小。国内保鲜脱涩技术落后，不利于鲜果长途贮运，许多产品滞销。

(2) 管理粗放，栽培面积大但单产低 生产观念陈旧，山地果园土壤瘠薄、有机质含量低，肥料投入不足；集约化栽培不落头，不开角度，不疏果，造成树体高大，内膛光秃，结果部位外移，管理困难，产量较低，质量下降。

(3) 加工开发力度不够 柿加工产品种类单一，附加值高的深加工产品（单宁提取、保健饮品、果酒、果醋）少，采后贮运及深加工综合利用技术研究薄弱，柿饼加工主要以家庭为生产单位，加工工艺落后，质量安全意识淡薄，很难形成果品的高标准批量销售。

(4) 科研水平低 与苹果、桃等果树树种比较，科研投入较少，对柿的研究多停留于栽培及加工，而加工工艺多停留在传统工艺，科研工作相对于产业发展滞后。在柿的品种资源评价、新品种选育、栽培生理研究等方面缺少针对性的研究，资源丰富但开发利用程度低，没有自主培育并能带动产业发展的良种，产品数量大但果品质量参差不齐，采后处理加工研究缺乏。

3. 发展方向

(1) 加强科学研究、推广普及优良品种和新技术 突出资源优势，加强柿种质资源的收集、整理、利用和良种繁育，并进行配套技术研究。大力推广示范优良品种和优质丰产栽培技术，培育丰产示范园，加强肥水管理，搞好整形修剪，注重病虫害防治，促使幼树早投产，成年树稳产丰产。

（2）**优化区域布局和品种结构，实行区域化、规模化生产** 甜柿能够实现自然脱涩，应该加大发展推广力度，瞄准国际国内市场，注重品种的选择，重点发展果个大、外观好、品质优、耐贮运的早中熟的品种，成熟期较晚的品种适度发展。涩柿虽然成熟时不能立即食用，但涩柿同样具有诸多优点：丰产、果肉细腻、适应性很强，较耐旱耐瘠薄，可在山地、丘陵、平原、荒地、滩地发展涩柿，提高土地利用率，为"老少边穷"地区开辟一条致富之路，涩柿品种除丰产外，主要强调其加工性能。鲁中南山区是我国柿生产的传统区域，在生产、加工和出口方面具有一定的优势，可建立大面积集约化柿园，进行规模生产。

（3）**开拓市场** 国内市场消费人数众多，应因地制宜地发展柿树，提高果品质量，提高采后处理加工水平，生产出多样化的产品，加强柿消费导向宣传，满足国内市场需求。

（二）柿品种

我国柿品种繁多，据全国各地调查有 1 000 个左右。生产上一般可分为两大类：一是甜柿类，柿果在树上就能自身脱涩，可供鲜食用。二是涩柿类，柿果在树上不能自身脱涩，此类又可分为硬食用、软食用、制饼用及兼用 4 种。现将柿树生产上主要优良品种简介如下。

1. 涩柿类

（1）**磨盘柿** 又名腰带柿、盒柿等。在河北省太行山北段及燕山南部分布较多，我国南北地区均有分布。树势强健，树冠高大，层次较明显，中心主干直立，向上生长力强，枝条稀疏且粗壮。果个大，单果重 250～260 g；扁圆形。果皮橙红色，果肉淡黄色，肉细多汁、味甜、纤维少，无核，品质上等。可供鲜食用。耐贮运。该品种适应性强，喜深厚肥沃土壤，产量中等，大小年明显。抗风性较差，宜栽于背风向阳处。抗寒耐旱。

(2) 镜面柿 产于山东菏泽。树姿开张，树冠呈圆头形，植株生长较旺盛。果个中等，单果重 130～150 g，扁圆形。果皮薄而光滑，橙红色，横断面略高。肉质松脆，味香甜、汁多、无核。根据成熟期早晚可分为 3 个类型：早熟种（9 月中旬成熟），如八月黄，该品种肉质松脆，以鲜食为主；中熟种（10 月上旬成熟），如大二糙；晚熟种（10 月中下旬成熟），如九月青。大二糙、九月青这两个品种以制饼为主，柿饼肉质细，味甜，透亮，以曹州耿饼最为著名。该品种喜肥沃沙壤土，稍抗旱，耐涝，不耐寒，抗逆性较差，对病虫害的抵抗能力差，病虫害也较多。丰产性好。

(3) 金瓶柿 果实卵圆形，果顶渐圆而尖，果面无缢痕和纵沟。平均单果重 153 g，果蒂中心方圆形，萼洼浅广，萼片平展。果皮光滑，有光泽，淡黄色。果肉黄红色，肉质脆，汁多，味甜，可溶性固形物含量 17.8%。无核或少核。脱涩容易，宜鲜食。

(4) 平核无 果实扁圆形，果顶广平微凹，果面无缢痕和纵沟。平均单果重 164 g。果蒂方圆形，萼洼浅，萼片平展。果皮光滑，有光泽，橙黄色，软化后橙红或红色。果肉黄红色，无褐斑，肉质脆。汁多，味甜，可溶性固形物含量 17.1%。无核，较耐贮藏，室内存放 30 d 不变软。脱涩容易，宜鲜食或加工柿饼。

(5) 富平尖柿 主要分布在陕西省富平县。树冠圆头形，树势健壮。枝条稀疏，干皮灰黑色，裂纹粗。叶片椭圆形、先端钝尖，腰部宽楔形，叶缘略呈波状，两侧微向内折，色绿而有光泽。按果形可分为升底尖柿和辣角尖柿两种。果个中等，平均单果重 155 g，长椭圆形，大小较一致。皮橙黄色，果酚中多，无纵沟，果顶尖，果基凹，有皱褶。蒂大，圆形，向上反卷。果柄粗长。果肉橙黄色，肉质致密、纤维少，汁液多，味极甜，无核或少核，品质上等。10 月下旬成熟。该品种宜制饼，加工的"合儿饼"具有个大、霜白、底亮、质润、味香甜 5 大特色，深受国内外市场欢迎。

(6) 小萼子 主要在山东省临朐县栽培，又名牛心柿，树冠圆头形，树姿开张，枝条稠密，多弯曲。果个中等，平均单果重 100 g，果实心脏形。果皮橙红色，无纵沟。果顶尖圆，肩部圆形。蒂小，萼片直角卷起，故称"小萼子"。肉质细，橙黄色，汁液多，味甜，可溶性固形物含量19％，纤维少，多数无核，品质上等。10月中下旬成熟。该品种树势强壮，耐瘠薄，丰产性好、无大小年现象。果实最宜制饼，出饼率高。

（7）荥阳水柿　主要在河南省荥阳市栽培。植株高大，树姿水平开张，树冠呈自然半圆形。枝条稠密，叶片大，呈广椭圆形。果个中等，平均单果重115 g。果形不一致，有圆形或方圆形，多为圆形，基部略方，顶端平。果皮橙黄色，纵沟极浅，无缢痕。皮细而微显网状。蒂凸起，萼片心形，向上反卷，果肉橙黄色，味甜，汁多，多数无核，品质上等。10月中旬成熟。该品种适应性强，对土壤条件要求不高，树势强健，抗病能力强，极为丰产。果实最宜制饼。

（8）水柿　主要产于广西恭城、平乐、荔浦及广东番禺等地。平均单果重100～120 g，扁圆形，顶端微下凹，具4条沟纹，萼片反卷。果实成熟时呈橙黄色，过熟变为鲜红色，有果粉。肉色橙黄，制成柿饼后食之味极甜，品质上等。该品种是广西制饼主要优良品种。

（9）安溪油柿　产于福建省安溪县。树势中庸，树姿较开张。枝条稀疏，叶片广椭圆形。果实大，平均单果重280 g，果形呈稍高扁圆形，果皮橙红色，柿蒂方形，微凸起。肉质柔软而细、纤维少、汁液多、味甜，品质上等。该品种鲜食制饼均优，柿饼红亮油光，品质佳。

（10）橘蜜柿　在山西省西南部和陕西省关中东部栽培最多。又名早柿、八月红、梨儿柿、水柿、水沙红。树冠呈圆头形，枝韧，叶小。果个小，平均单果重70 g，扁圆形。皮橘红色。以形如橘、甜如蜜而得名。果肩常有断续缢痕，呈花瓣状，无纵沟，果粉较厚。果肉橙红色，常有黑色粒状斑点，肉质松脆，味甜爽口，无核，品质上等。10月上旬成熟。该品种适应性强，抗寒性强，坐果率也较高，丰产、稳产性好。且树体寿命长，果实用途广，可以鲜食，也可制饼。制饼所需时间极短。

（11）**大萼子** 产于山东省青州市等地。树势强健，树姿开张，树冠圆头形。树干裂皮呈细方板状，新梢紫褐色，皮孔大而稀疏。叶片椭圆形，浅绿色，蜡质较少。结果部位在三至七年生枝段，以顶梢结果为主，侧梢结果少，每枝于中部坐果1～2个。果个中等大，呈矮圆头形，平均单果重120 g，最大单果重145 g。顶端尖圆，果尖凹陷，果面光滑，橙红色。果顶具4条纵沟，呈"十"字形交叉。蒂大，萼洼中深，萼片呈直角反卷。果肉橙黄色，肉质松脆，汁多味甜，脱涩后质地极柔软，无核，品质极佳。10月下旬成熟。该品种适应性强，耐旱，极丰产。其饼制品色鲜、霜厚、柔软、味正，久存不干，以产品青州吊饼而驰名中外，畅销日本。

（12）**树梢红** 该品种在河南洛阳被发现。树势中等，树姿开张。树冠呈圆头形，树干皮浅灰褐色，裂纹细碎，较光滑。叶较小，椭圆形，先端极尖，基部楔形，叶色浓绿，有光泽，叶背有少量茸毛，叶柄中长。花小，只有雌花。结果枝着生在结果母枝第一至第六节上，果实在冠内分布均匀。生理落果少，产量稳定。果大，扁方形，平均单果重150 g，最大单果重210 g，果实大小整齐。果皮光滑细腻，橙红色。果蒂绿色、深凹。果肉橙红色，纤维少，无褐斑，味甜汁多，少核或无核，品质上等。8月中旬成熟。易脱涩，耐贮力强，以硬食用供应市场。该品种具有极早熟、较丰产稳产等优良特性。特别是成熟极早，可提早上市，能增加一定的经济效益，是一个很有发展前途的优良品种。但其耐贮性差，应注意分期采收，或冷冻贮藏，以延长市场供应期。

（13）**水板柿** 产于河南省洛阳市新安县。树冠圆头形，半开张，树干灰白色，裂皮宽大。叶片倒卵形，基部锐尖，叶背茸毛多，叶柄长。结果部位在结果枝第三至第五节，果实在冠内分布均匀，自然落果少。果实极大，平均单果重300 g，最大单果重315 g，果扁方形，大小均匀。果皮橙黄色。果柄粗，中长。果蒂绿色，蒂洼浅，蒂座圆形。果肉橙红色，风味浓、味甜，汁多，种子1～3粒，品质上等。10月中旬成熟。该品种具有较强的抗逆、抗病虫能力和丰产稳产等特点，是一个较有发展前途的优良品种。

果实极易脱涩，自然放置 3～5 d 便可食用，软后皮不皴。用温水浸泡 1 d，果实便完全脱涩。

（14）荥阳八月黄柿 该品种是河南荥阳柿产区栽培最多的品种之一。植株中等高，树冠呈圆形或伞形。枝条较密，柔软下垂。叶片大，广卵圆形，表面多皱褶，呈墨绿色。果实中等大，平均果重 150 g，近圆柱形，橙红色，顶端色深，具 6～8 条明显的沟纹。萼片直立状，靠近萼片处具隆起状肉质圈或垫片状物。果实于 10 月上旬成熟，脱涩后食用脆甜，无籽，品质上等。除了硬食外，也可软食。

（15）火罐柿 产于河南等地，是栽培较为普遍的优良软食品种。果实 10 月上中旬成熟。植株高大，枝条稀疏，直立性强，树冠呈狭圆锥形或圆头形。叶片中等大，椭圆形，基部尖，叶片横向上翻为该品种特征。果实小，平均单果重 50 g 左右，圆形，果顶圆整，果基平，萼片薄而大、平展。果皮薄，火红色，具灰白色果粉。常落叶后果实仍悬挂枝头，十分美丽。果肉软化后红色，细软多汁，味极甜，可剥皮食用，一般无籽或少籽，品质上等。该品种适应性强，抗病力也强。丰产稳产。

（16）摘家烘 产于河南洛阳市郊土桥沟、孙旗屯、五龙沟等地。树势强健，树冠呈圆形，主枝平缓开展，新梢有光泽，褐红色。叶片大，深绿色。果实略方圆形，具 4 棱或 5 棱，果皮橙红色。平均单果重 175 g，肉质绵而多汁，味极甜，无核或少核，品质上等。以软食用供应市场，消费者极为喜爱。在洛阳果实 9 月上旬成熟，是当地软食用柿的优良品种。

（17）眉县牛心柿 主产于陕西省眉县、周至、彬州、扶风一带，又叫水柿。树冠圆头形，枝条稀疏；主干呈褐色，上有粗糙裂纹。叶大，呈卵圆形，先端急尖，基部圆形，表面有光泽、果大，平均单果重 240 g，果实方心形。果顶广尖，有十字状线沟，基部稍方。蒂洼浅，果柄短而稍粗。果面纵沟浅或无。果面及果肉均为橙红色，皮薄易破，肉质细软，纤维少，汁多，味甜，无核，品质上等。10 月中下旬成熟。该品种适应性广，树势强健，连年丰产，抗风耐涝，病虫少。坡地、滩地及涝地均可栽植，适合软食或脱涩后硬食。但皮薄汁多、不耐贮运。

(18) 临潼太晶柿 主产于陕西临潼地区，在当地10月上中旬果实成熟。果实小，单果重30～50 g，圆球形，果皮橙红色至鲜红色，果肉软化后味极甜，无种子，品质上等。果实耐贮藏性强，专供软食用。

(19) 博爱八月黄 分布于河南省博爱县及附近地区。树姿开张，树冠圆头形。叶椭圆形，新梢棕褐色。果实中等大小，平均单果重140 g，近扁方圆形，皮橙红色，果瓣较多，果梗短粗，萼片向上反卷，果蒂大。果肉橙黄色，肉质细密，脆甜，汁中少，无核，品质上等。10月下旬成熟。该品种高产、稳产，树体健旺，寿命长。柿果可鲜食，也易加工，最宜制饼。加工成的柿饼，不仅出饼率高，且肉多、霜白、霜多、味正甘甜，品质佳，以产品清化柿饼闻名于省内外。唯一不足之处，是其果为近扁方圆形，不易削皮。

(20) 绵柿 集中产于河北涉县、武安、沙河、内丘等地。幼树树姿较直立，结果后渐开张，呈自然半圆形。易形成结果枝，坐果率较高，稍有大小年现象。果个中等，平均单果重140 g，最大可达150 g。果短圆形。果皮薄，橘红色。果肉水少而质地绵软，纤维少，含糖量23％～25％，味甜、无核、品质优。10月中下旬成熟。该品种适应性强，产量中等，成花成果容易。抗旱，耐涝，不抗柿炭疽病。适宜加工制饼。耐贮运。

(21) 元宵柿 产于广东省潮阳区和福建省诏安县一带。树体高大。果个大。平均单果重200 g，最大单果重可达320 g，以鲜果能贮存至元宵节而得名。果实略高，近扁方形，横断面略圆。皮橙黄色，纵沟不明显，有黑色线状锈纹。蒂洼深，萼小，卷曲向上。肉质细软，味浓甜，品质上等。10月下旬采收。最适宜制饼，也可供鲜食。该品种较高产、稳产，成熟晚且采收期长。

(22) 洛阳牛心柿 产于河南洛阳等地。树势强健，树姿开张，树冠呈馒头形，新梢粗壮，黑红色，叶片长椭圆形。果实牛心形。

单果重 150～200 g，果皮橙红色。果肉汁多，质绵，无核或少核，味浓甜，品质上等。果实在洛阳于 10 月上中旬成熟。丰产，抗病虫力强。硬食、软食、制饼均可，最适宜加工柿饼，加工成的柿饼外形美观，肉红，柿霜极白，味道极佳。

（23）圆冠红 产于河南洛阳，是当地名特产水果之一。树势中庸，树姿半开张，树冠圆锥形。叶片特大，阔卵圆形，叶色浓绿。果实扁心脏形，单果重 150～200 g，果皮橙红色，果顶凸尖，皮薄、果肉汁多，无核或少核，味极甜，品质上等。在河南洛阳于 8 月下旬果实开始成熟，软食、硬食均可，也可制成柿饼。该品种适应性强，抗病虫能力强，可以适度发展。

2. 甜柿类

（1）西村早生 系富有和赤柿偶发实生，属不完全甜柿。有雄花，但花粉少，可用赤柿作授粉树。果实扁圆形，果顶广圆稍尖，未脱涩的果实广平，果梗短粗，较抗风。单果重一般为 180～200 g，最大单果重 225 g。果皮橙红色，具光泽。果肉黄橙色，肉质较粗而脆。褐斑大。果实中有 4 粒以上种子才能完全脱涩。果实成熟期在 8 月下旬至 9 月上旬，是甜柿栽培品种中成熟期最早的。丰产，应防止结果过多引起大小年。

（2）上西早生 松本早生富有中选出的变异单株，属早熟完全甜柿。全株仅有雌花，可用赤柿作授粉树。无授粉品种时落果严重。单果重 250～320 g。果实扁圆形，果顶广圆，果面红色，果粉多。果肉橙黄色，褐斑小而稀少，肉质致密，种子少，品质极上等。9 月中下旬果实成熟。结果年龄早，丰产稳产，与君迁子砧木嫁接亲和。

（3）早秋 杂交亲本为伊豆×109 - 27。属完全甜柿。2004 年从日本引入我国。单性结实力差，需配置授粉树。果实大，扁圆形，橙红色。平均单果重 250 g，最大单果重 280 g，大小较整齐。果皮浓橙红色，果肉橙红色，味极甜，肉质酥脆致密，果汁多。无肉球，褐斑极少，无涩味，无蒂隙，污损果率极低，种子 3～4 粒。

果顶裂果极少。汁液多，味浓甜，可溶性固形物含量为18%。9月中下旬果实成熟。

(4) 阳丰 亲本为富有×次郎。属完全甜柿。在日本1991年品种登录，1991年引入我国。雌花量大，无雄花，果实大，扁圆形。平均单果重188 g，最大单果重240 g，果皮浓橙红色。果顶广平，果肩圆，无棱状突起，无缢痕。果实横断面圆形。果肉橙红色，黑斑小而少，肉质松脆，较硬。可溶性固形物含量为20%。种子2～4粒。10月中旬果实成熟。与君迁子嫁接亲和力强。早果丰产，定植后两年即可结果。

(5) 夕红 亲本为松本早生富有×（次郎×晚御所）。属完全甜柿。在日本2000年品种登录。树势中等偏弱，树姿半开张，单位面积结果力强，种子少。早期少量生理落果。果实扁圆形，平均单果重200 g，最大单果重250 g。果皮浓红色，果肉褐斑少，无肉球，肉质细、脆，果肉汁多味甜，可溶性固形物含量20%。10月中旬果实成熟。

(6) 鄂柿1号 原产湖北省罗田县，是我国原产甜柿品种，又名秋焰、阴阳柿，为完全甜柿。2004年通过湖北省农作物品种审定委员会认定。果实扁圆形，平均单果重180 g，种子0～2粒，可溶性固形物含量为19.7%左右，果面橙黄色，阳面橙红，具蜡粉。雌雄同株，有少量雄花。单性结实能力强。果实10月上中旬成熟。与君迁子嫁接亲和力强。

(7) 罗田甜柿 产于我国湖北、河南、安徽交界的大别山区，以湖北罗田及麻城部分地区栽培较多。树势强健，树姿较直立，树冠呈圆头形。枝条粗壮，一年生枝棕红色。叶大，阔心形，深绿色。果个中等，平均单果重100 g，扁圆形。果皮粗糙，橙红色。果顶广平微凹，无纵沟，无缢痕。肉质细密，初无褐斑，熟后果顶有紫红色小点。味甜，可溶性固形物含量19%～21%，核较多，品质中上等。在罗田10月上中旬成熟，但成熟期有早、中、晚3类，每类采收期相隔10 d。该品种着色后便可直接食用。较稳产、高产，且寿命长，耐湿热，耐干旱。果实最宜鲜食，也可制柿饼、柿片等。唯果小核多是其不足之处。

（8）富有 原产于日本岐步。树势较健旺，树姿开张。枝条粗壮，叶大，微向上折，果大，单果重 250～350 g，扁圆形。果面具有 4 个不明显枝条，皮坚硬且光滑，橙红色，果粉厚。肉质致密，柔软多汁，香味浓，味甘甜，有极少核，品质优。一般在 10 月下旬采收，到 11 月上旬才完全成熟。该品种结果早，丰产性好，大小年不很明显，采收期也较长。果实宜鲜食，耐贮藏，商品价值高。因其单性结实力弱，需配置授粉树，或进行人工授粉。没有经过授粉的果树也能结实，但果实没有种子，易落果。对君迁子砧木不亲和。对栽培管理技术要求严格。

（9）松本早生富有 松本早生富有是由日本京都府从富有的芽变中选出。为优良的较大果型早熟品种。树姿直立稍开张，树势中强。叶椭圆形，嫩叶淡黄绿色，落叶褐色。果实扁圆形，果皮较粗厚，橙朱色。果肉褐斑少，肉质松脆，可溶性固形物含量为15％～16％，种子数 1～2 个，品质中上等，单果重 200 g。在日本原产地 10 月中下旬成熟，在山东 10 月上旬成熟。抗寒性比富有稍强。

（10）次郎 原产于日本，现在我国河南与安徽交界的大别山区以及湖北罗田、麻城两地栽培最多。浙江杭州、黄岩一带以及福建等地也有少量栽培。树势强壮、枝梢粗大，枝条直立性强，且短而密。因其叶片色淡，成熟叶较黄，极易与其他品种区分。果个大，平均单果重 270 g，果扁圆形。果面有 8 条纵向的凹线，其中 4 条略突出，果皮初为淡橙黄色，成熟后为橘红色，有光泽，果粉厚，褐斑少。果肉淡黄微带红，肉质致密且脆，味极甜，柔软多汁、少核，品质上等。可与富有相媲美。有的果实顶部粗糙易开裂。10 月下旬至 11 月上旬成熟。该品种丰产性强，可连年结果，大小年不明显。稳产性好，抗炭疽病。易裂果。无雄花，需要混栽授粉树或进行人工授粉。

（11）前川次郎 为次郎芽变，1988 年引入我国。果实方圆，比次郎略高。果顶广平，果皮比次郎光滑，而且有光泽，果面橙红色，果粉多，果顶较次郎不易开裂。果实比次郎大，单果重 200 g，

最大果重 268 g，10 月上中旬果实成熟，比次郎早 7～10 d。品质
较次郎好，在日本部分地区取代了次郎。

（12）一木系次郎 一木系次郎是日本静冈县从次郎的芽变中
选出的，为优良的大果型中熟品种。1988 年引入我国，在陕西、
浙江等地有少量栽培。树体中等，树姿直立，树势中高。落叶紫红
色。单果重 200 g 左右，果形扁方圆，橙朱色，褐斑微细，可溶性
固形物含量为 17%左右，品质上等。在山东 10 月中下旬采收。该
品种抗病性强，且有矮化倾向，适宜庭院栽培，以有机质含量高的
肥沃土壤栽培为宜。

（13）若杉系次郎 若杉系次郎是次郎的芽变。大果型中熟品
种。树形中等，树姿直立，树势较强，嫩叶淡黄绿色，落叶红色。
平均单果重 260 g。果形扁方圆，橙朱色，果肉褐斑细，可溶性固
形物含量为 17%左右，品质中等。

（14）骏河 原产日本的晚熟品种，由花御所×晚御所选育而
成。树体高大，树姿开张，树势强。嫩叶深绿色，落叶紫红色。叶
大、卵圆形、浓绿色，稍有光泽。单果重 230～250 g，扁圆形，略
具五棱，蒂部凹陷，周边有明显皱皮。果皮橙红色，肉质致密，褐
斑少，多汁，柔软，甜味强，可溶性固形物含量为 17%左右。品
质极上等，种子数 2～3 个。在日本原产地 11 月中下旬成熟，采收
期长。单性结实能力强，大小年结果现象少，宜在温暖地区栽植。
耐贮运，在气温较低的地区栽培时，果实常有轻度涩味。

（15）伊豆 从日本晚御所的实生树与富有杂交的后代选育出
的早生新品种。现在我国河南与安徽交界处的大别山区、湖北的罗
田、麻城有栽培。浙江、福建等地也有少量栽培。树势较弱，枝的
抽生能力也稍差。栽植距离以 5 m×3 m 为好。果个中等，平均单
果重 200 g，果实扁圆形。果皮橙红色。肉质致密，柔软多汁，有
香味，味甜，核较少，品质上等。9 月下旬成熟。该品种果皮极易
被污染，只宜鲜食，不宜加工。无雄花，栽培时需要配置授粉树。

（16）禅寺丸 从日本引入。树冠小。果实长筒形，果顶微凹，
果面橙红色，果粉较多。果肉具密集极大褐斑，肉质脆甜，品质中

等。种子较多，半脱涩品种。10月下旬果实成熟，需要人工脱涩处理。该品种雄花多，宜作为甜柿授粉品种。

（17）太秋　大果型完全甜柿品种。具有肉质脆而不硬、果汁多的特点。单果重400 g左右，约为品种富有的1.5倍。果顶部容易产生条纹和同心圆状的微小龟裂，外观较差，而产生条纹的部位与其他部位相比糖度高2％～3％。易着生雄花，雌花着生有时偏少。为确保产量，需增加雌花着生数量。

（18）新秋　新秋是日本农林水产省果树试验场于1971年用兴津20号作母本，兴津1号作父本杂交选育而成。该品种平均单果重240 g，果形为扁圆形，线沟和侧沟全无，果实整齐，果皮黄橙色，光泽好，褐斑少，肉致密，果汁中，可溶性固形物含量为17％～18％，适口性好，单果种子数2～4个。污染果发生多，果顶易裂果，耐贮性好。该品种树冠半开张，树势中庸，发枝力强，枝梢稍粗，新梢黄褐色，皮孔圆形，中等大，分布密，发育枝短，形成的树冠小。幼叶呈绿色，成叶为长椭圆形，叶柄短。生理落果少，丰产，抗病性强，花期一般在5月底，果实于10月中下旬成熟。

（19）花御所　原产日本鸟取县，晚熟品种，1989年引入我国。树形高大，树势强且直立，枝条细短密生，发芽稍晚，但比富有早。嫩叶绿带银灰，落叶紫红色。随着树龄增加着生较多的雄花。进入结果期晚，有隔年结果现象。种子形成力及单性结实力中等，产量不稳定。单果重200 g左右。果实整齐，果形为高桩馒头形，朱红色。果肉无褐斑，肉质致密，多汁，味浓甜，可溶性固形物含量为17％左右，品质极上等。

（20）裂御所　原产日本岐阜县，晚熟品种，是杂交育种的优良亲本。树体高大，树姿直立，树势较强。嫩叶绿带银灰，落叶红色。单果重250～300 g，果实近球形，黄橙色，可溶性固形物含量为16％左右。品质上等，种子数1～2个。

（21）晚御所　原产日本岐阜县，晚熟品种，是杂交育种的优良亲本。树体矮，树姿开张，树势较弱。嫩叶绿带褐色，落叶绿色。单果重180 g左右。果实扁球形，橙红色，果肉褐斑微细，可溶性固形物含量 15%～16%，品质上等。种子数 2～3 个。

(22) 藤原御所 原产日本奈良，晚熟品种，是杂交育种的优良亲本。树体中等，树枝下垂，树势弱。嫩叶绿带赤褐色，落叶绿色。单果重 200 g 左右。果形为高桩馒头形，橙朱色，可溶性固形物含量为 18%左右。品质极上，种子数 1～2 个。

(23) 赤柿 原产日本京都，始花期比富有早，终花期与富有基本一致，是很有价值的授粉树，1987 年引入我国。树体较矮，树姿开张，树势较弱。嫩叶绿带银灰。单果重 140～200 g。果形较扁圆，深红色，褐斑密，外观美，有纵沟或无，在国家资源圃 9 月上旬成熟，可溶性固形物含量为 15%左右，品质下等。种子数 6～7 个。但系极早熟品种。该品种的雄花着生在较短的枝条上，故冬季修剪时，与富有不同，应多保留较短的枝条。

(24) 正月 原产日本福冈，极大果型晚熟品种。树体高大，树姿直立，树势中庸，落叶紫色。单果重 240 g，果圆形，橙黄色。褐斑粗密，可溶性固形物含量为 16%～17%，品质中下等，种子数 6～7 个。在日本原产地 11 月下旬至 12 月上旬成熟，树上挂果可延长到 12 月中下旬。适于我国南方栽培，兼用作授粉树。

(25) 甘百目 原产日本关东地区，中熟品种。树形高大，树姿开张，树势强。单果重 260 g 左右，果圆球形或椭圆形，果顶微凹，果浅橙色，褐斑粗多，可溶性固形物含量为 20%～22%。品质中上等。种子数 4～5 个。

(26) 兴津 20 幼树树姿直立，成树渐趋开张。落叶红色。果橙黄色，果面不干净，有裂纹，单果重 200 g 左右，味甜，软化快，属于早熟品种。宜作庭院绿化树种栽植。

(三) 苗木繁育技术

我国是柿的原产地之一，适于做甜柿砧木的柿属植物主要有君迁子、野柿，还有浙江柿、火柿、老鸦柿、乌柿等。在我国北方，一般用君迁子作砧木。

1. 砧木苗培育

（1）选圃与整地　圃地分永久性圃地和临时性圃地两种。永久性圃地由于是长期在同一地块上育苗，就需要有更为周密的育苗计划安排，以避免重茬，并提高土地利用率；临时性圃地即一次性育苗地，在两年左右的时间内育出成苗后便不再用于育苗。宜选择地势平坦、背风向阳、土层较厚、土壤为较肥沃的壤土或沙壤土、无严重病虫害、灌水方便、排水良好的地块作圃地。圃地要深耕细耙，施足基肥，或施入一些复合肥。在墒情适宜时深耕，耕后随即耙糊破碎土块。耙地后整成南北向的条状畦，畦长 10～20 m，宽 1.0～1.5 m。

（2）种子采收贮藏与催芽

① 采收贮藏。当君迁子的果实变为黑褐色，有 95％的果实变软且有白霜时，种子基本成熟，即可采收。为保证种子有较高的发芽率，在条件允许的情况下，可将采收期推迟至 11 月上旬。把成熟的果实采回后堆积软化，放入冷水中浸泡，洗去果肉，得到种子。若君迁子果实放置时间较久，变得干硬，可用 60 ℃以下温水浸泡，待吸水变软后，再进行揉搓，除去果肉，得到种子，然后把种子放在通风处阴干，置于筐内或布袋内干藏。

② 种子催芽。对于干藏的种子，可在翌年春季播种前用冷水或温水浸种催芽。A. 冷水浸种催芽。即把种子放入缸或盆内，加冷水浸泡，每天换水 1 次。种子要完全没入水中。浸泡 5～6 d 后，把种子捞出，置于阴凉通风处，稍加风干，即可适时播种。因为君迁子种子的胚乳为半纤维质，不易吸水膨胀，故浸泡时间不可过短，否则将延长催芽时间。B. 温水浸种催芽。先把种子放入缸或盆内，然后倒入 40 ℃的温水充分搅拌，浸泡 1 h，再添加 30 ℃温水，使种子完全浸于水中，浸泡 24 h 后捞出。再掺入 3～5 倍的湿沙，摊于暖炕上，每天喷两次水，时间需 10～15 d。当种子有 1/3露白时即可播种。也可不混沙，而把种子放于筐内，盖草袋，每天洒水即可，注意勿使种子发霉。待部分种子发芽后，即可播种。浸

泡种子的水温不可超过 60 ℃，否则将显著降低种子的发芽力。这是由于君迁子种子的种皮虽很厚，但其胚芽处薄弱，易受高温水损伤。C. 湿沙层积贮藏。在土壤结冻前，选择地势较高，排水良好的地方挖沟或坑，深 60～80 cm，长宽依种子量而定。在沟或坑底垫 10 cm 厚的湿沙（沙的湿度以手握成团，不滴水，松手后分成几块而不完全散开为标准）。然后将种子与 3～5 倍的湿沙混合均匀后，放入沟或坑内。种沙厚度以 40～60 cm 为宜。在沟或坑内插入几束草把以利透气，上面再覆盖一层 10 cm 厚的湿沙，湿沙上面再覆盖 35 cm 厚的土堆。在贮藏沟的两侧设排水沟，以利排除过多的雪水。翌年春季即可适时挖出播种。

(3) 播种 春播或秋播均可。播种可采用开沟条播的方法，播种沟深 3～6 cm，沟距 50 cm，播后上面盖土厚约 2 cm，并予以镇压，以利保墒。播种量 150 kg/hm²（7 400 粒/kg 左右，发芽率85%）。若种子发芽率高，可适当减少播种量。A. 春播。一般在 3 月下旬至 4 月上旬播种。若贮藏或催芽时温度较高，种子已发芽，可提前播种。为了延长苗木的生长期，可采用地膜覆盖育苗或阳畦营养钵育苗，待苗长出 2～3 片真叶后，再移栽入苗圃地。B. 秋播。可不用沙藏，一般在 11 月中旬，在土壤结冻前将新采集的种子播下。秋播的种子在土壤内须注意防止鸟兽危害，一般在 4 月下旬即可萌芽出土，比春播早出苗 7～10 d。

(4) 播后管理 A. 间苗、定苗。待苗长出 2～3 片真叶时进行间苗，疏除过密苗、劣质苗、病苗；再过半个月左右进行定苗，使苗木株距保持在 10～15 cm。如有缺苗应进行补栽。补栽时机：待苗木长出 4～5 片叶时，在阴雨天或傍晚进行。定苗后，要立即浇小水一次，并及时浅耕。B. 促发侧根。在君迁子幼苗长出 2～3 片真叶时，移栽或用窄铲断根，可促发侧根。C. 中耕除草。为防止草荒和土壤板结，应在雨后或浇水后及时适度中耕，中耕深 3 cm 左右，以利保墒透气，中耕的同时除去杂草。D. 灌水施肥。在幼苗生长初期和蹲苗 20 d 后要浇一次水，在土壤不太干旱时，一般不浇水。雨水过多，苗床过湿或积水时，易使苗木患病，应注意排水。E. 苗木追肥。可结合浇水进行。施肥可采用沟施，即在距苗根 5～8 cm 处开沟，把肥料施入沟内并覆土。一般施尿素 75～150 kg/hm²。在苗木生长后期，可施入速效磷钾肥，以促进苗木木质化。F. 扭梢、摘心。为了促进苗木加粗生长，抑制增高生长，在苗高 50 cm 左右时摘心；当苗高 60 cm，而苗干近地面 5 cm 处的粗度不足 0.6 cm 时，可在芽接前 20 d 左右摘去嫩梢或扭梢，以提高砧木苗的当年嫁接成活率。需注意的是摘心时间不宜过早，若过早摘心易长出大量副梢，反而影响茎的加粗生长。G. 冬季防寒。由于当年生苗的枝条比较幼嫩，各组织器官发育不成熟，加之我国北方冬季低温多风，易引起干旱而造成抽条或冻死，因此，在进行苗木管理时，应采取促进苗木木质化的措施。如在 7 月末至 8 月初，施入一些钾肥或进行根外追肥，促进苗木木质化。入冬前可采用埋土法防寒，即将苗木地上部分埋入土中，翌年清明前后扒开埋土以备嫁接。

（5）甜柿高接砧木培育　在华北太行山区，往往有许多散生君迁子幼树，如要改接甜柿，可在嫁接前一年对枝条进行预处理。方法是锯除树冠或骨干枝，以刺激树体潜伏芽萌发大量枝条。在此基础上选择生长位置好的健壮枝条 5 个左右保留下来继续生长，其余全部除去。被留下的枝条因营养丰富、生长旺盛，要及时进行扭梢或打顶。同时，为培育好高接砧木，可根据枝条生长情况喷施 0.3% 左右的尿素溶液或 800 倍左右的磷酸二氢钾溶液，以促进枝条生长健壮，以备嫁接。

2. 嫁接

（1）柿嫁接应注意的关键问题

① 速度要快。由于砧木君迁子和柿树均含有很多单宁物质，切面一遇到空气极易氧化形成隔离层。因此，不论枝接还是芽接，要求在嫁接过程中动作要快。为此，嫁接时，芽接刀要锋利，尽量加快切砧、削接穗的速度，尽可能地减少砧、穗切面在空气中的暴露时间，并要随时用干净抹布擦掉刀片上的残余物质。

② 嫁接时一定要选择晴天。在 9 时、16 时嫁接成活率最高，嫁接时注意把芽接在砧木的阳面。不要在阴雨天、大风天或早晨露水未干时嫁接。嫁接时期：要求在柿树和砧木的形成层处于活动旺盛期时进行，即在细胞分裂最快时进行。河北省春季嫁接适宜时间为 4 月上旬至 5 月上旬。

③ 用于嫁接的砧木苗一定要选择健壮无病的苗木，以利于培育壮苗。对准备嫁接的砧木苗，应在嫁接前灌水施肥，以满足嫁接后树体对养分和水分的需求。

（2）嫁接用的工具和材料 嫁接用的工具和材料主要有剪枝剪、芽接刀、切接刀、小镰刀、手锯、劈接刀、铁钎子、塑料薄膜、塑料条、石蜡、熔蜡锅等。其中，熔蜡锅和石蜡是蜡封接穗用的。嫁接开始前，要对所用工具进行检查，刀具要锋利，刀具不够锋利不但影响操作，而且可能削不平而导致双方接触不严密，影响嫁接成活率。另外，塑料条要裁好，以便随时取用。

（3）甜柿砧木的选择 甜柿对砧木的要求比涩柿严格。有研究表明，砧穗组合的嫁接亲和力强弱是甜柿嫁接繁殖成败的关键。不同品种的甜柿要求用不同类型的砧木，且差异明显。所以，在嫁接繁殖甜柿时须选择适宜的砧木。如次郎与君迁子组合，由于砧穗间亲和力强，其嫁接接合部的愈伤组织能形成很好的维管系统，而且死细胞极少，新生的组织和原有组织间没有隔离层。表现为嫁接成活率高，接口愈合良好，嫁接苗栽植成活率高，发育正常，基本无死树现象，君迁子是完全甜柿品种次郎的良好砧木。富有与君迁子组合，其嫁接接合部有许多死细胞，使砧木和接穗不能很好地愈合在一起，易形成一道裂缝。在接合部虽能形成大量薄壁细胞，但不能正常分化出维管组织将上下沟通，表现为嫁接成活率低，接口愈合不好，根系发育不良，接口处断裂现象严重，嫁接苗栽植成活率低，树势易衰弱。有的则表现为在嫁接成活后，第一年表现生长旺盛，但以后的生长越来越弱而最终枯死。说明君迁子对甜柿品种富有有不亲和现象，故君迁子一般不宜作富有的砧木。对于这类亲和力弱的砧穗组合，采用以君迁子为基砧，不完全甜柿为中间砧的二重嫁接法，要比直接嫁接在君迁子上的嫁接成活率高。据王劲风先生研究，从嫁接亲和力来看，适于用君迁子作砧木的完全甜柿品种有松本早生、次郎等，适于用浙江野柿 77 作砧木的甜柿品种有前川次郎、一木系次郎、伊豆等，适于用浙江野柿 69 作砧木的甜柿品种有次郎、花御所等，适于用浙江野柿 56 作砧木的甜柿品种有前川次郎、一木系次郎等，适于用浙江野柿 1 号作砧木的甜柿品种有富有、次郎及其芽变系品种；适于用作二重嫁接中间砧的甜柿品种有禅寺丸等不完全甜柿，再行嫁接富有甜柿等。油柿嫁接甜柿品种表现出严重的不亲和现象，因此油柿不宜作甜柿砧木。新引进的或新选育的甜柿品种，若对以君迁子等为砧木时的亲和力状况不明时，应当先进行嫁接试验，以选择适宜的砧木。

除砧穗亲和力强弱的问题之外，在进行嫁接过程中，还应掌握砧木略粗于接穗的原则，且应在砧木已木质化变为褐色的部位嫁接。砧木直径应在 1 cm 以上，最好是二年生以上的枝条。多年生的砧木（高接换头），应选择在较细的部位进行多头嫁接。

（4）接穗的选择和采集 甜柿嫁接繁殖，接穗的质量是影响嫁接成活率的主要因素之一。故采集接穗应选择品种纯正、生长健壮、丰产稳产、品质优良的甜柿做母树。

用于春季嫁接（4 月上旬至下旬，柿萌芽后至展叶期）的接穗，须在柿树落叶后才能采集。采集接穗常结合冬季修剪进行。采穗时间不能过晚，当母树枝条芽眼已萌动发青的时候不能再采，否则，嫁接成活率很低。一般以采集树冠中上部外围的一年生营养枝为佳，所采枝条应生长充实，发育健壮，无病虫危害，芽眼饱满，粗度适宜。徒长枝不宜作接穗，结果枝由于先端细弱且短小，中部无腋芽，也不宜选作接穗。甜柿的一年生营养枝一般长 30～40 cm，有的品种如新秋能达到 70 cm 以上，可截取 4～5 个以上接穗。根据接穗在枝条上的生长部位可分为顶端接穗和中下段接穗。在嫁接时，中下段接穗成活率比顶端接穗高。这是由于枝条不同部位的充实粗壮程度不同。一年生枝条的中下段，由上年春梢形成，粗壮充实，营养丰富，接穗削面易形成发达的愈伤组织，故嫁接时应采用枝条的中、下部作接穗。而枝条的顶端常由夏梢或秋梢形成，其髓心的比例明显增大，枝条中积累的养分含量少，细弱不充实，用作接穗时，难以形成愈伤组织，从而使砧穗的结合生长受阻，造成嫁接成活率低。接穗长度选择也对成活率有明显的影响。根据研究资料和工作实践，接穗的长度与成活率呈负相关关系，即接穗越长，成活率越低。这是由于砧木断口以上的接穗穗条越长，越容易失水，而穗条愈伤组织的形成与湿度条件密切相关。若穗条的含水量显著减少到不能形成愈伤组织，就会导致嫁接失败。实践经验表明：接穗长度以 6 cm 左右为好。接穗的削面长约 3 cm，断口以上长约 3 cm，留 1 个饱满的单芽即可。这样的短穗，不仅便于对砧木断口以上的接穗用塑料布条包扎，还有利于保湿，提高嫁接成活率，同时节约穗条。

在立夏前后进行嫁接的接穗采集。此时属于甜柿花期嫁接，由于新梢芽未形成，故要选择健壮母树上的二年生旺枝基部的未萌芽部分作接穗，剪条时要去掉已萌发的梢部，把接穗用湿麻袋包扎。此期嫁接成活率最高，但接芽少。

在夏至到处暑间嫁接的接穗采集。这时所采集的接穗是柿树当年发出的枝条，当年生的枝条分早发的和晚发的两种。早发的枝条为褐红色，晚发的枝条为青绿色。早发的枝条芽眼饱满，比晚发枝条粗壮，对嫁接成活率的提高相当重要，晚发的枝条芽眼不饱满，所含的单宁成分也多，嫁接不易成活。因此，不宜选用晚发枝条作接穗。剪取接穗时应选择粗度在 0.45 cm 以上的早发枝条，去掉基部的瘦芽和梢端的过嫩部分，并迅速剪除叶片，仅保留 0.5 cm 长的叶柄。

(5) 接穗的处理和贮藏　结合甜柿树冬季修剪，从优树上选直径 0.6～1.0 cm、生长健壮的一年生枝作接穗。接穗长按 20 cm 左右截取，两端分别进行蘸蜡处理，按每捆 50～100 根集中后，用湿麻袋或湿草包运回，迅速放入地窖内用湿沙贮藏。窖内温度一般为 0～3 ℃，最高为 7 ℃，沙的湿度以手捏成团，松则散开为度，将接穗斜放于沙中，上面再盖一些沙，然后用稻草覆盖。窖内要注重通风透气，每月检查一次，以防沙过干或过湿，影响接穗质量。将接穗贮存至翌年春，嫁接时随用随取。随采随接的接穗，亦应将接穗用湿稻草或苔藓覆盖或置于湿草包内备用。千万注意，当母树枝条芽眼已萌动发青的时候不能再采集，否则嫁接成活率很低。立夏前后所采集的接穗是基部未萌发的二年生枝，此种接穗枝条在采集时，要先去掉已萌发的梢部，并用湿麻袋包扎运回，贮于阴凉湿沙内或悬挂于水井的水面上，随用随取。夏至到处暑采集的接穗，要先把接穗的叶片剪去。把剪去叶片后的接穗放在水中浸泡 4～6 h 以减少单宁含量，有利于提高成活率。嫁接时可用湿麻袋包好置于阴凉处，也可将接穗放在水桶里面，加少量的水，但水要勤换。

(6) 甜柿本砧苗和中间砧苗 由于部分甜柿品种与君迁子嫁接存在亲和力差的问题，故常以某些甜柿的种子育苗，育苗方法同君迁子，所培育的苗木称本砧苗。还有用培育君迁子苗作基砧，嫁接涩柿或不完全甜柿品种为中间砧，再行嫁接完全甜柿品种，称中间砧苗。

(7) 甜柿优质苗指标 甜柿的苗木质量，关系到柿园当年栽植成活率的高低，关系到柿园能否提早结果，故采用高质量的甜柿苗木建园是确保建园成功的关键。目前甜柿优质苗的主要指标：一年生嫁接苗，一般苗高 1 m 以上，地径粗 1～2 cm，根系好，主侧根 5 条以上，根长 15～20 cm，断根伤口直径不大于 1 cm，芽体充实饱满，接口愈合良好，苗木顺直，接口以上 30 cm 处直径大于 0.8 cm，无病虫危害。

(8) 培育甜柿优质苗的技术关键 培育高质量的甜柿苗木，一般应掌握以下几个关键环节。根据培育的目的选择适宜的砧穗组合，以确保砧穗间有强的亲和力，如次郎可以选用君迁子作砧木；伊豆、前川次郎等可选用以君迁子作基砧，涩柿或不完全甜柿为中间砧的二重砧组合。嫁接时要选用健壮的砧木苗，一般优质健壮的砧木苗应为二年生苗，且较为粗壮，根颈粗度在 1.0 cm 以上。由于二年生苗比一年生苗的根系庞大，发育完全，能吸收较多的水分、养分，故有利于植株生长。接穗是否优良关系到嫁接的成败，关系到树体的发育，果实的质量、产量，柿园的利用年限，故接穗的质量是应特别注意的问题。优良的接穗应是品种纯正、采自健壮母树的一年生早发枝，或基部未萌芽的二年生枝条，枝条上的芽体饱满，无病虫危害，粗度在 0.45 cm 以上；接穗不失水，不损伤皮、芽，贮存良好，采集时间适宜，并选用枝条的中下部。选择适当的嫁接时间和嫁接方法，嫁接质量要高。做好嫁接后的管理。

(9) 嫁接方法

① 带木质部芽接。带木质部芽接，就是在削取的芽片上带有一些木质部的芽接方法。甜柿带木质部芽接的优点是受单宁影响小，成活率高。一般在 4 月中下旬，当气温达到 10～15 ℃时即可进行嫁接。方法是先将砧木剪留 30 cm 左右，选择与砧木极度相似的接穗削取接芽，先在芽上约 1 cm 处，用芽接刀由浅入深向下削成约 2.5 cm 长的削面，再从芽下方约 1 cm 处向下斜切与前刀口底部相交，在砧木上以同样的方法削切口，切口大小形状与芽片相当，然后去掉切块，迅速将接芽插入砧木切口，使两者形成层对齐。为使伤口易于愈合，接芽片的顶端砧木上要露 0.1～0.2 cm 的切面（露白）。如砧木稍粗，砧木切面比芽片宽时，可对齐一面的形成层，砧木的短切面最好与接芽片的短削面相吻合，使芽片正好嵌入其中，立即用塑料条绑扎严紧，露出接芽，以免影响萌芽生长。嫁接后及时除去砧芽。一般进行 2～3 次，嫁接后 40～50 d，当接芽长到 20 cm 左右时，可逐步解除塑料条，不可解缚过早。管理正常时，当年苗生长可达 1 m 以上，接口以上 5～8 cm 处直径达 1 cm 以上。

② 方块形芽接。方块形芽接的优点是接触面较大，容易成活。适宜的嫁接时间是 7 月下旬至 8 月下旬。接穗宜选用当年生枝条下部已木质化变为褐色部位健壮的芽。在芽的上下方用双刀片各横切一刀，使两刀片切口恰在芽的上下各 1 cm 处，再用一侧的单刀片在芽的左右各纵割一刀，深达木质部，使芽片宽约 1.5 cm。取下接芽片。在砧木苗距离地面 30 cm 左右的光滑处，切下一块与接芽片同等大小的表皮，迅速放上备好的接芽片，先使其上下和一侧对

齐，如果接芽片宽度大于砧木切掉的方块宽度，可切去接芽片的多余部分。用塑料薄膜条从对齐的下边开始，由下而上绑缚，绑时应注意将芽露出。嫁接后 20 d 解绑，解绑不宜过早。双刀的制作，可用两个削铅笔刀（或手术刀片）和一块长 12.0 cm、宽 2.1 cm 的木块，将小刀钉在木块两侧即可。

③"丁"字形芽接。"丁"字形芽接又叫 T 形芽接。方法是：选用接穗中下部的饱满芽。在接穗上用芽接刀在芽上方0.6 cm处横切一刀，要深达木质部，再在芽下方 1.4 cm 处向上斜削一刀，直到与上面的刀口相遇，便可取下盾形芽片。将芽片上的木质部去掉，把芽片含在口中以防氧化。在砧木苗距地面 30 cm 处选光滑部位切成 T 形切口。横切口要平，竖切口要直。长度与盾形芽片的长度相等，用刀尖将 T 形切口拨开一条缝，插入芽片，使芽片横切口与砧木横切口对齐，再用塑料薄膜条自下而上一圈压一圈将切口绑严，只露出芽及叶柄。半月后检查成活情况。

④ 腹接。腹接可以剪砧，也可以不剪砧，并且适用于较小的砧木。具体做法是：在砧木苗离地面约 30 cm 处的嫁接部位，自上而下斜切一刀，也可以用锋利的剪枝剪斜向剪一刀，长 3～4 cm，深达木质部的1/2。接穗削成长面 3～4 cm、短面 2.5～3.5 cm、一边厚一边薄的扁楔形，要求削面平直，将其插入砧木切口，以厚边形成层与砧木的形成层对齐，可以夹得很紧，然后用塑料条捆绑好。腹接时若不剪砧，可待嫁接成活后再剪砧。这种方法使砧木继续生长，不损失砧木，所以也可作为补充枝条的方法。

⑤ 嵌芽接。嵌芽接就是用接穗的芽片嵌在砧木上，它是带木质部芽接方法的一种。在我国北方用君迁子苗木嫁接甜柿，从 8 月下旬至 9 月上旬均可进行。方法是选当年生无病虫的枝条，在其中下部选用饱满的母芽，用刀在接穗芽的下方约 1 cm 处，以 30°角斜切入木质部，再在芽的上方约 1 cm 处向下斜切一刀至前一刀的底部，取下盾形芽片。砧木的斜切口比芽片稍长为宜，将芽片嵌入砧木切口，对齐形成层。注意芽片上端必须露出一线砧木皮层。最后用塑料薄膜条绑紧。嫁接当年接芽不萌发，第二年春季检查成活情

况，对成活植株及时剪砧，以利接芽萌发。由于剪砧后会产生大量的萌芽，一定要及早抹除，确保接芽苗壮成长。当新梢长到 40 cm 左右时应贴近砧木立一支棍，将新梢绑在棍上，以防风折。

⑥ 插皮接。插皮接又叫皮下接。此法操作简便，接穗与砧木接触面积大，是春季枝接甜柿中最容易掌握且成活率较高的一种方法。一般砧木直径在 1 cm 以上即可采用这种方法。嫁接时，先在砧木苗离地面 30 cm 左右，选光滑无疤处剪断或用锯锯断，再用刀削平断面，清除碎木屑、树皮等杂物。如砧木表皮粗厚，要用利刀刮去，再行嫁接。用蜡封的接穗，每接穗留 2～3 个芽，用利刀向下斜削成长 4～5 cm 削面，削面中间厚度为接穗直径的 2/5，在削面两侧轻轻削两刀，削去约 0.1 cm 的表皮层，要露出形成层。削面的背面再削一短削面，呈楔状，顶端 1～2 个芽，要留在两侧，不留外芽。在砧木截断面光滑处，竖向垂直划开皮层，再用干净的木签或竹签将砧木皮挑开，插入皮层与木质部之间，深达接穗削面长度的 1/2～2/3，然后拔出，迅速将已削好的接穗长削面朝里插入，露白 0.5 cm 左右，如果砧木直径在 4 cm 以上，可接 2 个接穗。用塑料条带将嫁接部位绑紧实，使双方形成层密切相接。保证愈合良好，且不出现疙瘩，是提高嫁接成活率和确保生长良好的关键。

⑦ 劈接。劈接是一种古老而生产上又常用的嫁接方法。具体做法是先剪断砧木，并削平剪口，再在砧木中间劈一垂直的劈口。通常用劈接刀并用木楔往下敲形成劈口。将蜡封接穗削成楔形，外侧略厚于内侧，如果砧木较粗，夹力太大，可以内外厚度一致，或者内侧稍厚，以防夹伤外侧的接合面。接穗一般削成长 4～5 cm 的两个削面，削面要平，角度要合适，每个接穗留 2～4 个芽。插两个接穗时，顶芽留在外侧，以免发芽后枝条交叉。接穗削好后，即将接穗插入砧木劈口的一边，对准双方的形成层，最好接穗左右两个削面的形成层都能与砧木的形成层对齐，如果不能两边都对齐，必须一边对齐。注意不要把接穗全部伤口都插入劈口，要露白 0.3 cm 左右，以利于伤口的愈合。如果把接穗的伤口全部插

入，一是上下形成层不易对准，二是愈合面都在劈口以下，成活后容易使接穗从劈口中产生一个凸起，使之愈合不良，影响寿命。嫁接（嵌合）好后，即用塑料带捆绑接口处，方法要求与前者相同。

⑧ 甜柿高接。甜柿高接常用于大龄柿树改接甜柿或大龄君迁子嫁接甜柿。高接一般在砧树的主干与主枝上进行。在主干上嫁接时，接口一般选在离地面 70 cm 以上。甜柿高接时，首先按照砧、穗间亲和力强的要求，选择适宜的砧树和适宜的甜柿品种，在此前提下，注意选择生长健壮，丰产、稳产，果实品质优良的母树，采集一年生生长健壮、芽体饱满、无病虫害的营养枝作接穗。嫁接时间以春季枝接为主，晴天为好，阴雨天嫁接的成活率较低。对六至七年以上的大龄砧树，骨干枝已基本形成，高接前，要对砧树进行清理，具体做法是疏除密挤、轮生的大枝，留出主枝，做好树形，使树体通风透光，并在嫁接前 10 d 浇 1 次透水。嫁接时，在主枝上选一光滑处锯断，锯口要用利刀削平，不要使锯口劈裂。可采用插皮接、单芽劈接、腹接等方法嫁接。选择嫁接部位时，以不过分缩小树冠、嫁接后能迅速恢复为好。树冠较大的砧树，要采取多头高接，接口砧木径粗以 2 cm 左右为好。嫁接时动作准确、速度快，是保证成活的重要因素。嫁接成活后要及时除去砧木上的萌蘖，待新梢长到 30 cm 左右时，设支柱，防止从接口劈折。以后及时摘心，促发新枝，扩大树冠，防止徒长。

3. 嫁接成活后的管理

（1）剪砧与解绑 对芽接苗、腹接苗等，在嫁接成活后，要在接芽上方 1 cm 处将砧木剪断，并解绑，以促进接穗芽的萌发。嫁接较晚的芽接苗，翌春再剪砧；在柿树旺长后期嫁接的芽接苗，要及时检查成活情况，成活苗要剪砧、解绑。春季嫁接的腹接苗，解绑可稍晚一些，以新梢长 10～15 cm 时进行为宜；低位嫁接的切接苗、劈接苗、插皮接苗萌发后，选留其中方向、位置好的使其继续生长，其余枝条抹除。愈伤组织愈合牢固后，再解除绑扎物，以利加粗生长。要逐步解除捆绑物，方法是待接芽萌动，长出叶片，在阴天或傍晚时，用刀尖轻轻划破绑缚塑料条带放风，并逐渐扩大露出叶片，以防窝芽，一般待叶片数达 2～3 片时，可分次逐渐将绑在接穗上的塑料条带解除，解绑切忌过早。一般可延缓至 70 d 左右。

（2）除萌 嫁接后，砧木受到剪砧的刺激会大量发生萌蘖，如不及时除去这些萌蘖，将会因其与接穗争夺水分、养分，导致接穗难以萌发，甚至枯死。故应及时除萌。一段每 5～7 d 即应除萌一次，连除 4～5 次。另外，在甜柿苗长到 70 cm 左右时应摘心一次。以利培养粗壮的柿树苗。

（3）绑支架防风害 成活后，接穗抽生的枝叶生长旺盛，此时接口愈合组织不坚固，很易被风吹折断，造成前功尽弃。因此，在新梢长到 20～30 cm 时，可就地取材选取 50～60 cm 的枝干作为支柱，下端固定在砧木接口下部，要绑牢固，上端将接穗或新梢系上，留出生长空间。立支架与解除绑缚物可同时进行。

（4）肥水管理 为促进柿苗生长，缩短育苗年限。在甜柿苗木生长前期以施氮肥为主。施肥时结合浇水进行，一年施 3～5 次。第一次在嫁接成活萌芽后进行，以后每隔 15～20 d 追施一次。每次的施肥量以 75～150 kg/hm² 为宜；在苗木生长后期，为促进柿树自身有机物的制造与贮存，提高抗寒能力，以施磷钾肥为主。在白露至霜降之间，每隔 10～15 d 喷一次 10％的草木灰浸出液或磷酸二氢钾 300 倍液。土壤缺墒时，应浇水补墒。值得注意的是，在苗木生长后期，若肥水过大（尤其是施氮肥过多时），会使苗木贪青，苗木组织发育不充实，体内积累的养分少，树液浓度低，常造成冻害。所以，甜柿的苗期管理要采取前促后控的方法。还要对秋旺枝打顶、摘心，在土壤结冻前浇一次冻水。

（5）病虫害防治 嫁接成活的幼树极易遭受蚜虫、金龟子、白粉病等危害。采用菊酯类农药及时喷洒，可有效除治虫害。用波尔多液喷雾 2～3 次，可控制白粉病、褐斑病等多种病害的侵染。此外，还要注意对大青叶蝉的防治。因为大青叶蝉在甜柿苗干上产卵时，会刺破树皮，破坏组织，使苗木枝条水分散失，引起苗干抽条。甜柿苗期的害虫还有叶螨、柿毛虫等，应注意防治。

（四）规划与建园

1. 对环境条件的要求

柿树喜温暖气候，在年平均温度 9～23 ℃的地区都有栽培；但也相当耐寒，在年平均温度 10～15 ℃的地区也可栽植。在冬季一般可耐短期—20 ℃的低温，温度降至—25 ℃时开始发生冻害。当年平均温度低于 9 ℃时，柿树难以生存，该温度也是柿树生存的界限温度。

虽然柿原产于南方，但由于北方栽培区日光充足，雨量适中，因而柿在北方栽培花量、坐果率及果实品质皆高于南方。现我国柿树的水平分布大致在年平均温度 10 ℃的等温线经过的地方。在此分布线以北和以西的地方，因气温多变，温度低或交通不便等，柿树栽培较少。

一般柿树萌芽温度要求在 12 ℃以上，枝叶生长须在 13 ℃以上，开花在 18～22 ℃，果实发育期要求 22～26 ℃。当温度超过30 ℃时，因温度过高，呼吸作用过盛，光合产物积累相对减少，果面粗糙，品质不佳，对树体生长也不利。成熟期以 14～22 ℃为宜，但是不同品种之间，同一品种不同树势、不同树龄之间对温度的要求也有一定的差别。一般在年平均温度 11～20 ℃的地方，柿树最易成花，生育期长且品质优良，冬季无冻害，夏季无日灼，这也是柿树经济栽培的界限温度。

北方新建立的柿园，常见新植幼树遭受冻害死亡，使幼树保存率偏低。遭受冻害的幼树，其特征为枝干的形成层和皮层变褐，根颈处树皮冻裂，地上部枝干抽干死亡，春季从未死的树干基部或地表下萌生新条，但多为砧木苗。这是由于地表至其上 50 cm 左右处的气温偏低，且温差变化大，冻融交替进行而造成树干基部被冻裂。秋季阴雨连绵或浇水、施肥不当、排水不良可造成幼树枝条徒长，枝条发育不充实，翌年春天很容易发生抽条现象。针对新植幼树易发生冻害的情况，宜采取如下措施减轻冻害。①选择适宜的立地环境。在进行园地选择及栽植时，注意利用局部小气候，防止柿树冻害。故定植应避开风口、下坡地和地势低洼、长期积水的地块。宜选用背风向阳处栽植柿树。②培育坐地苗。建立柿园，先栽君迁子实生苗，或在建园前播种君迁子（密度可适当加大），待君迁子成活或所播实生苗长大（一至二年生）后，再嫁接甜柿，即培育坐地苗。坐地苗具有较高的抗冻害能力。在嫁接时，提高嫁接部位，使接口高度在 50 cm 以上，以躲避近地表处的低温。③埋土防寒。柿树幼苗和新栽幼树可在小雪前后（封冻前）弯干埋土防寒，埋土深度以大于 30 cm 为好。埋土时不要碰折树干、树枝，树体要全埋。待翌年春季发芽时将土扒开，将幼树扶直。这种防寒法可防止抽条。对植株稍大、不易弯倒的树，可在树干北侧40～50 cm处，修建高 60 cm、长 120 cm 的半月形土垯，使土垯南面有一个背风向阳的小环境，以提高地温、缩短土壤结冻期和提早化冻，从而促进根系提早活动，多吸收水分。甜柿防寒时，不能采用在树干基部培大土堆的方法，这是一种十分危险的防寒措施。实践证明，这种方法非但不能伤寒，反而会加重柿树抽条现象，甚至使培土以上枝条全部死亡。这是因为培土增厚了冻土层，使柿根活动期推迟。④塑料薄膜包扎。采用 0.03 mm 厚的农用塑料薄膜进行枝干包扎，包扎前对幼树适当修剪。用剪成宽 3～5 cm、长 1～2 m 的薄膜带子，由梢到基部，将各枝条逐步包扎。接茬必须压紧，否则易被风刮开，失去防寒作用。翌年春天，芽开始膨大之前解开薄膜。过早解除薄膜易引起枝条失水、抽干。⑤覆盖地膜，涂刷防冻剂。在土壤结冻前，以根颈为中心覆盖地膜，树体刷羧甲基纤维素 100～150 倍液，刷聚乙烯醇 100 倍液或刷熟猪油。

柿树根系庞大且分布深广，吸收能力强，故较耐旱，可在水分较少的地方栽培。但过分干旱易引起落花落果，使树体生长受到抑制，严重影响产量和品质。柿树在新梢生长和果实发育期，需有充足水分供应。雨水是重要的水分来源，如果雨量充足，对树体生长有利，可以不灌水。如果雨量不足，必须根据实际情况及时灌水，以满足树体生长所需水分。夏季久旱不雨或定植后一定时间内雨量不足都要及时灌水。遇干旱时，可结合中耕、刨树盘等农业技术措施，减少土壤水分蒸发，增强树势，减少落果。但是土壤含水量过多时（超过45%），会导致土壤缺氧，抑制好气性微生物活动，降低土壤肥力，也影响新根的形成和生长。因此，在长期积水的地块不宜栽种柿树。

空气湿度对柿树生长发育也有一定影响。如果阴雨过多，空气湿度大，在花期和幼果期易引起落花落果，造成花芽分化不良，影响翌年产量。在采收期，空气湿度过大可使果色淡，味淡，品质不佳，易烂果染病。在其他时期，过大的空气湿度会使柿树易染炭疽病和早期落叶病，使枝条发育不良，树势衰弱。但空气湿度小，对柿树生长也不利，空气湿度过小时应适当进行人工喷水，以促进树体生长，增强树势，保证果实正常发育，达到高产稳产的目的。柿树对湿度的适应范围较广，在年降水量400～1 500 mm的地区都可栽培，以年降水量500～700 mm时生长最好。

柿树喜光，在背风向阳处栽植的树，树势健壮，树冠圆满均衡，果实品质好且产量高。同一株树，向阳面枝条上果实量多、色艳、味佳，阴面枝条上果实量少，色泽暗淡。外围枝上果实量多、色艳，内膛枝上果实量少、色淡。特别是在花期，若光照不足，则落花落果严重，且果实果皮厚而粗，含糖量少，水分多，着色差，成熟也晚，但较耐贮。若光照充足，则枝条发育充实，发枝力强，有机养分易积累，易形成花芽，花多且坐果率高，果实皮薄肉嫩，着色好，味甘甜，水分少，品质佳。

土壤及酸碱度。柿树对土壤的要求不太严格，在山地、平地或沙滩地均可生长。但栽培上以土层深厚肥沃，透气性好，保水力强，地下水位在1 m以下的沙壤土或黏壤土为最佳。土层过薄而又干旱的地区，柿树的根系伸展不开，使地上部分的生长受到抑制，易落花落果，易形成"小老树"。柿树对土壤酸碱度要求也不太严

格，但与砧木种类有关。柿树在 pH 为 5～8 范围内均可生长，pH
为 6～7 的土壤对树体生长最为适宜。君迁子砧木适应中性土壤，
也较耐盐碱，野生柿砧木适应微酸性土，在 pH 5.0～6.8 范围内
最宜。

柿树怕风，大风可导致树冠损坏，抑制树体生长。同时，刮风
时柿叶间摩擦得厉害，果实易受损伤，影响外观及品质。但微风对
生长有利，可促使树冠与周围空气交换，有利于光合作用。在栽培
上，不宜将柿树种在风口处。

2. 甜柿树对环境条件的特殊要求

甜柿树主要分布在温暖地区。甜柿品种如在较寒冷地区栽培，
常不能自然脱涩；而涩柿类品种在气温较高的地区栽培，常有自然
脱涩现象。湖北资源调查发现，宜昌地区的宝盖柿（北方盖柿类品
种）在当地可在树上自行脱涩，近于半甜柿品种。

甜柿适合于温暖地区栽培，秋季寒冷地区种植的甜柿脱涩不完
全或不能自行脱涩，着色和风味均不佳。栽培在气温过高的地区，
肉质粗，品质差。甜柿在 4—11 月的生长季节，温度要求在 17 ℃
以上，尤其是果实生长期平均温度达不到 17 ℃以上时，果实不能
自然脱涩。其中在 8—11 月果实成熟期以 18～19 ℃为宜。9 月平
均气温 21～23 ℃，10 月平均气温 15 ℃以上的地区栽培甜柿品质
优良。休眠期对 7.2 ℃低温要求在 800～1 000 h。冬季枝梢受冻害
温度为－15 ℃，发芽期霜冻温度为－2 ℃。我国长江流域是甜柿的
适宜栽培区。

甜柿对年降水量的要求在 1 000～2 000 mm。夏季降水量少，
有利于花芽形成，落果少。在花期和幼果生长期若降水量过多，对
授粉和幼果生长均不利，易引起病害发生。

要求日照充足。若日照不足，枝条发育不充实，有机养分积累
减少，碳氮比下降，结果母枝难以形成，花芽分化不良，而开花量
少，坐果率低。甜柿要求 4—10 月日照时数在 1 400 h 以上，尤其
是花期和果实成熟期。故不能在阴雨连绵地区发展甜柿。

3. 园地选择与建园

选择柿树栽植地点时，要考虑气候、市场、交通等问题，权衡利弊，因地制宜地进行规划。要充分利用广阔的山地及荒滩空地，在耕地面积宽裕的地方，可利用较差的耕地建园。

确定多种经营的规模。在进行果园规划前要先进行园地调查，分析地形、地势、土壤、气候等立地条件间的差异，调查其植被生长情况以及交通条件、劳动力等资料，以便确定多种经营的规模。一个大柿园需要大量工作人员和原料资源等。为减少投资，需要采取多种经营方式来保证经济收入。特别是早期柿园没有收入，应在园中种植蔬菜、粮食和养猪等，借以自给或部分自给粮、油、菜等生活必需品。

规划生产小区。为便于管理，应根据交通、道路、林带、排灌系统来确定生产作业区的大小（面积 $2.0\sim5.3$ hm²）。平地以长方形小区为好，有利于提高机械化操作效率，小区的长边大体要与主要风向垂直，以便设置防风林。山地与丘陵地小区的大小与排列，应随地形而定，长边应与等高线平行。

果园道路的设置包括道路的布局、路面宽度及规格。道路布局要根据地形、地势、果园规模及园外交通线而定。在隔一定距离的树行中留出一条小路，以便于喷药、运果、运肥时车辆行驶。设计道路应从长远考虑，根据预计的果园全部建成后最高产量期运输量来规划道路布局与规模。

设置防护林能降低风速，减少风害，提高坐果率，减少土壤水分蒸发，增加空气湿度，调节气温、土温等，有利于改善果园生态环境。建造防护林时，要依据当地的风向、风速、地形等具体情况，正确设计林带的走向、结构、林带间距离及适宜树种组合。宜选适应当地气候和土壤、抗逆性强、生长迅速、枝叶茂密、不与果树有共同病虫害并具有一定经济价值的树种，如毛白杨、大青杨、刺槐、桑、花椒、马尾松等。

灌溉系统包括水源、灌水系统、排水系统。一个果园的自然降雨是满足不了树体对水分的需求的，因此要在建园前解决水源问题。根据对园中地下水位的测量，选适宜地点打一口机井，以供灌溉之用。在各小区之间修水渠，切记要有一定的防渗漏措施，以免在浇水途中渗水漏水。如果果园地下水位高，土壤黏重或下面有不透水潜育层，就要设计排水系统。由设在小区内的积水沟流入小区边的支沟，然后汇集到总排水沟，总排水沟的末端应有出水口，以免积水过多排不出去而造成灾害。山地和丘陵果园的排水系统由横向的等高沟与纵向的总排水沟组成。

4. 栽植

(1) 栽植方式 柿树对栽植方式要求不严格。除了设计正规的柿园外，也可以采用大行距与粮食作物间作，或在田边、房前屋后零星栽植。栽植方式与密度也有着密切的关系，在同样密度下要最大限度地利用土地和空间、光照，既要在单位面积上获得高产，又要便于果园各项管理，有利于喷药等田间操作。常见的栽植方式有以下几种。

① 长方形栽植。这是目前生产上应用最广泛的栽植方式。植株呈长方形排列，行距大，株距小。如果密植，可以提高单位面积产量，且行间宽，仍可保持良好的光照和通风条件，也有利于在行间间作或种绿肥，有利于机械化耕作及管理。

② 等高栽植。在山地、丘陵地栽种柿树，多栽在梯田、鱼鳞坑上，按等高线来定植。梯田没修好时，也可按等高线先栽植柿树，栽时注意将凹凸地挖填平整，以后再逐步修梯田，此法应根据实际情况来确定。在地形变化复杂的梯田上，只需要保持一定株距，而行距可随地形而变化，不必要顺坡方向对直成行，只要求平行于等高线的行能通，称为通透行，但实际上常与等高线不相称。可根据具体情况，因地制宜地调整到接近光滑曲线就可以。这种栽植方式有利于保持水土。

③ 宽窄行栽植。又称带状种植，一般3行成1带，行规格为两窄1宽，或两宽1窄，这样连续重复栽植的方式，叫宽窄行栽植。带内的行距较近，带间行距较宽。在单位面积内定植株数相同

时，此方式有利于提高带内群体的抗逆性，如抗风、抗旱、抗日灼等。缺点是单位面积内栽植株数较少。带距是行距的 3～4 倍。株距植成正方形或长方形均可，宽的带距利于通风透光和机械操作、种植间作物，但带内管理不便。

（2）栽植距离 目前生产实践证明，合理密植是增产的关键措施之一，不仅能提高早期产量，且能持续高产、优质，还能充分利用土地和阳光等。密植时要根据品种、土壤、地势、气候、栽植方式及整枝方式等具体情况进行具体分析，综合权衡，确定该园柿树栽植的最适密度。一般在平地和肥沃土壤上建园时可按 4 m×2 m 栽植。栽植时力求南北成行，以减少对农作物的遮阴时间，提高光能利用率。总栽植密度要掌握山地密度大于平地，瘠薄地密度大于肥沃地，阳坡密度大于阴坡，半阴半阳坡密度要适中的原则，在管理水平高的果园里可适当加密。

（3）栽植时期 各地柿树生产实践证明，柿树栽植的适宜时期为秋季落叶后及春季萌芽前。在秋季苗木出圃后即定植，有利于根系早期与土壤密切接触，恢复吸水功能。另外，对君迁子砧木来说，其根被损伤后，需一定积温伤口才能愈合和发生新根。秋季苗木出圃后即定植还利于翌年春季枝叶的生长，并可省去假植过程。在北方柿产区，由于冬季寒冷，土壤失墒严重，加上土质瘠薄和低温时间长，最好选择春栽，以清明节前栽植为宜，不宜太早。因各地气候条件差异较大，北方均以葡萄出土上架时作为春栽的最佳时期。应选无风天或阴天栽植，干燥晴天或大风天最好不栽。黄河中下游和长江以南以秋栽为最好。

（4）品种选择和授粉品种的搭配 选择品种时，首先要遵循区域化与良种化的原则，选用最适应当地气候和土壤条件，并经过生产或试验鉴定的优良品种。只有这样才能充分发挥品种的生产潜力，保证商品果实丰产优质。大多数柿树品种不需要授粉就能结果，称为单性结实。在栽植授粉树后，有的品种未受精能结出无核果，称为刺激性单性结实。有的品种授粉后种子中途退化而成为无籽果实，称为伪单性结实，如日本涩柿平无核、宫崎无核。上述后两种品种均需搭配授粉品种，才可增加产量。因此，搭配授粉品种时，也应选当地区域化优良品种，与主栽品种要有亲和力，有大量花粉，同时与主栽品种花期、寿命要基本一致，这样相互授粉后结实率高，品质优良。

(5) 定植技术 确定定植点与挖坑。柿园规划设计好后，在栽植之前，根据规划的栽植株行距，用测量绳测量。边测边用石灰做标记，整个柿园测完后，便可挖定植沟。要将挖出的心土和表土分开放，坑深为 $60\sim80$ cm。挖好后施入基肥，土肥拌匀后再填入坑内，心土在下，表土在上，施好肥后浇 1 次透水，使坑土下沉，待 $3\sim4$ d 后坑土不黏时便可栽树。如果土壤下沉处有不适水层，定植穴应穿透此层；墒情不好且没有灌溉条件时，定植穴宜小不宜大，以保墒情和提高成活率。

(6) 栽植方法 在栽植前画好定植图，以免品种混杂。把规划好的品种绑成捆，系好标签，将健壮无病苗木运到柿园。先将东西、南北两行用 3 个标杆瞄直，分 3 人 1 组，1 人扶苗，1 人瞄杆，1 人培土；把柿苗放入坑里稍填些土踩实，将苗木往上轻轻提动。使根系充分伸展与土壤接触，以利于根系生长。填土的高度应以使苗木根颈处高出地面 5 cm，灌水后土壤下沉，苗木根颈与地面平齐为原则。栽好后在定植穴外做圆形土埂，便于浇水。待全园定植完后，立即浇水。把歪倒的苗木扶正培土即可。

(7) 栽后管理 苗木栽植后，如天气干旱就要及时浇水，并进行松土保墒，在一般情况下每 20 d 浇 1 次水。在萌芽前定干修剪，发现死苗要及时补栽。新栽的柿树在北方应特别注意防寒。封冻前浇 1 次封冻水，同时可用杂草捆绑树干或设立风障，或在苗木基部培成高 70 cm 的土堆，也可以采取涂白等防寒措施。9—10 月结合中耕除草喷 1 次磷钾肥，以增强树体的抗寒防冻能力。

（五）树体结构与整形修剪

在萌芽展叶后，枝条生长迅速，以春季为主要生长时期。枝条加长生长持续期短，在开花前停止，但加粗生长时间较长，与加长生长交错期短，1 年有 3 次加粗生长高峰，在加粗生长旺盛阶段，形成层分生组织活跃，此时宜芽接。枝条顶端在生长期达到一定长度后，幼尖便掐死脱落，其下的第二腋芽便代替顶芽生长，所以枝条无真顶芽，均为假顶芽，这也是柿枝条的一个特点，称为自剪习性。柿枝条一般可分为结果母枝、结果枝、生长枝和徒长枝。因枝的种类不同、性质不同，在树体中所起作用也不同。

一是结果母枝。指抽生结果枝的二年生枝条，一般长 10～25 cm，生长势中等。顶端着生 1～5 个混合花芽，还有叶芽，叶芽可抽生出生长枝。

二是结果枝。指由结果母枝顶端 2～3 个芽萌发抽生的枝条，发育充实健壮，以中部数节开花结果为主，顶部多为叶芽。柿树易成花，进入大量结果期后，萌发的新枝多为结果枝。

三是生长枝。由二年生枝条上的叶芽或多年生枝条受刺激后的隐芽萌发而成。强壮发育枝顶部数芽可转化为混合芽，形成结果母枝，细弱生长枝会空耗营养，互相遮阴，影响通风透光，应在修剪时疏除。

四是徒长枝。由潜伏芽萌发而长出直立向上的枝条，生长时间长，生长量大，有的可达 1 m 以上。对生长旺盛、发育不充实的枝条，在生长季节进行摘心或短截，可使其转化为结果母枝。徒长枝是更新树冠的主要枝条，合理利用可培养成较好的结果枝组。

柿顶芽生长优势比较明显，能形成中心干，并使枝条具有层性，以幼树期最显著。幼树枝条分生角度小，枝条多直立生长，进入结果期后，大枝逐渐开张，并随树龄的增长逐渐弯曲下垂。背上枝易发生直立壮枝更新下垂枝，代替原枝头向前生长，这也是树体更新的依据。经过多次更新后，大枝多呈连续弓形向前延伸生长。

叶是制造有机营养物质的场所。叶片生长的好坏，直接影响着树势和果实产量。叶幕是由叶片组成的、叶的数量、大小及在树冠中的分布又直接影响叶幕的形成。如叶幕太厚，消耗营养，有机物质积累少，影响通风透光。但叶幕太薄，又不能充分利用光能，同样影响产量。因此，应对树体进行合理修剪，合理调整枝叶的比例，调整树体结构，打开光路，充分利用光能和空间制造营养物质，以保证树势强健，高产、稳产。

芽是树体各器官的过渡形式。不同性质的芽可发育成不同器官，依其性质可分为混合花芽和叶芽两种。根据其在枝的着生部位，由上至下，枝的顶部为顶芽，上部为花芽，中部为叶芽，下部为潜伏芽，基部为副芽。一般顶芽萌生的枝条都很粗壮，顶端优势明显。叶芽萌发后抽生成生长枝。在枝条基部两侧各有一个为鳞片覆盖的副芽，大而明显，平时不萌发，当枝条折断后，副芽萌发成旺盛的更新枝，寿命和萌芽力强于潜伏芽。着生在枝条下部的几个潜伏芽多年不萌发，可维持十余年之久，也是树体更新和延长树体寿命的主要器官。

1. 修剪的基本原则

整形，就是根据柿树生长特性、当地环境条件和栽培技术，科学地培养出理想的高产树形。修剪是在整形的基础上，人为地除去或适当处理不必要的枝条，继续培养和维持丰产树形，使之能按照人们的意愿丰产稳产。整形修剪的原则有以下几条。

（1）**因树修剪，随枝造型** 这是修剪的总原则。要根据柿树的品种、树龄、树势等来确定相适宜的树形及修剪方法，使之有利于生长和结果。对于各类枝所采用的修剪和处理手段也略有不同，如能随枝修剪，最有利于柿树的生长结果，也利于维持丰产树形。

（2）**长远规划，全面考虑** 由于柿树寿命长，结果年限达几百年。因此，在整形修剪时，既要着眼当前结果利益，也要顾及未来结果利益。

（3）**以轻为主，轻重结合** 这是幼树修剪的原则。轻重结合也适用于成年树修剪，目的在于调节树势，合理充分利用空间，做到立体结果。

（4）**平衡树势，分清主从** 要注意使同级骨干枝生长势均等，各层骨干枝相对均衡。在修剪时，要依据具体情况采取相应的修剪手段。

(5) 大枝少而匀，小枝多而不密 要尽量做到大枝数量少而着生部位均匀，小枝数量多而分布不密，这样才利于构成早期丰产、稳产的树体结构，充分利用空间和光能，增加树体的有效体积。

2. 主要树形及整形技术

根据品种习性常采用两种树形。层性强的品种多采用主干疏散分层形；枝条稀疏、生长健壮的品种宜采用自然圆头形。

(1) 主干疏散分层形 大多数品种在自然生长情况下常保持有中心干。主枝分布有明显的层次。树形特点是：干高 1 m 左右，有中心干。主枝在中心干上分布成 3～4 层，第一层有主枝 3～4 个，第二层有主枝 2～3 个，第三层有主枝 1～2 个，树高 4～6 m，主枝层内距 30～40 cm，层间距 60～70 cm，各主枝上分布有侧枝 2～3 个，侧枝上分布结果枝组。各主枝要错落着生，互不干扰，各有向外延伸的空间，以利于透光通风。此树形适用于密植柿园。

(2) 自然圆头形 中心干生长弱，分枝多而树冠开张的品种适宜采用此树形，树形特点是：干高 1.0～1.5 m，选留 3～8 个主枝或 12 个主枝，各主枝上留 2～3 个侧枝，在侧枝上再培养结果枝组。该树形在开始时保留中心干，使主枝开张，以扩大树冠和增强树冠的骨架。以后，中心干要重剪，每干留 30～40 cm，其余剪去，到了树冠初步形成骨干枝时，就剪除中心干，以利通风透光，促使各级骨干枝分生小枝。内膛形成的直立枝和细弱枝适当短截，改造成有用的结果枝，如枝量多可疏去一部分。该树形无明显层次，树冠开张，树体较矮，是一种普通的丰产树形。

3. 不同时期修剪特点

(1) 冬剪 秋季落叶后到春季发芽前的修剪。

幼树期修剪。幼树生长旺，顶端生长势强，有明显的层性，分枝角度小。修剪的主要任务是培养好骨架，整好树形，选留好主侧枝，调整角度，平衡树势。对中心干延长枝可适当短截，调整搭配好各类枝条的生长势及主从关系。要及时摘心，轻剪或不剪，增加枝条层次，促进分枝扩冠，促生结果母枝。与夏剪结合，培养枝组，为早结果、结好果打下基础。定干高度一般在 1.0～1.5 m，要适时定干。在主干上要留 5～6 个饱满芽，剪口芽留在迎风向，防止被风吹断。注意选好主枝方向和角度，保持枝间均衡，要少疏多截，增加枝量。要冬夏剪结合进行，枝条生长到 40 cm 左右时摘心，促进二次生长，增加枝条层次。在整个修剪过程中要尽量轻剪，以培养好各类枝条。对枝条的处理要根据品种特性进行，如发枝力弱、枝条稀疏的品种，为了增加枝量，应以短截为主，尽量不疏枝。对发枝多的品种要疏剪，当枝条长到 30～40 cm 时摘心，加快枝条层次形成，促进枝条转化，并培养为结果枝组。对细弱枝要及时回缩更新，使养分集中，让枝条由弱转壮，并培养成紧凑的结果枝组。在修剪过程中要依据整形为主、结果为辅的原则，树冠形式可灵活拿捏，但要使树体结构合理，才能完成修剪任务，达到早结果、早丰产的目的。

盛果期树体的修剪。植树 10 年后就进入盛果期。此时树体结构已形成，树势强，产量逐年上升，树冠向外扩展缓慢，随树龄的增加，内膛隐芽开始萌发新枝，出现自然更新现象。所以此时修剪的任务是：培养内膛小枝，防止结果部位外移，注意通风透光。修剪时要疏缩结合，更新培养小枝，保持树势，延长结果年限。随树龄的增长、枝条的增多，树冠内膛光照条件逐渐变差，枝条下垂，内膛小枝衰弱，结果量减少，自枯现象严重。根据此期的特点，为了维持结果年限，常采用短截为主、疏缩结合的方法，疏除密生枝、交叉枝、重叠枝、病枯枝等。对弱枝进行短截，营养枝长20～40 cm可短截 1/2 或 1/3，以促使发生新枝，形成结果母枝。雄花树上的细弱枝多是雄花枝，应予保留。对徒长枝，若有空间，可将其培养成结果枝组填补空间，如无空间可疏去。对已结果的结果枝，可以适当短截回缩。对连年结果和延伸的骨干延长枝、下垂衰弱枝进行回缩更新。结果母枝过多易造成大小年现象，应适当疏去一些，留下部分再短截 1/3。让其抽生新枝作为预备结果枝，做到有计划地留结果枝量，减少隔年结果现象。盛果期及时更新是保持树势壮的关键。柿树结果枝寿命短，结果2～3年后便衰弱或死亡，所以要及时更新修剪。又由于柿隐芽寿命长而萌发力又强，可进行多次更新，如能保持树势不衰，可大大延长盛果期年限。

衰老期树体的修剪。随着小枝和侧枝的陆续死亡，树冠内部不断光秃，骨干枝后部发出大量徒长枝，出现自然更新现象。小枝结果能力减弱，隔年结果现象严重。修剪的原则是回缩大枝，促发更新枝更新树冠，延长结果年限，以保持一定的产量。根据大枝先端衰弱、后部光秃的情况而确定修剪方法，对大枝采取重回缩，回缩5～7年，使新生枝代替大枝原头继续延长。上部落头要重缩，以减少上部生长点，控制消耗，打开光路，为内膛新枝生长创造条件；下部修剪要轻，以保持有一定数量的结果部位，维持产量。在回缩大枝时，应灵活拿捏，全树有几个衰老的大枝就回缩几个，但避免过重，防止后部抽生徒长枝，若不及时控制这类枝，后部易光秃，造成"树上树"现象，起不到更新修剪的作用。对内膛抽生的徒长枝，适时摘心、短截，压低枝位，以促分枝，形成新的骨干枝或枝组，加速更新树冠，以尽早恢复树势和产量。对内膛小枝的更新，应疏除过密的和细弱的枝，保留枝应摘心促使其强壮，培养为结果枝组。这样，就可以扩大结果部位，加快营养面积的形成，维持地上和地下部分的相对平衡关系，缩短更新周期，增强树势，提高产量。

放任树的修剪。多年不管任其生长的树，一般表现为树体高大，骨干枝密挤，枝细下垂，枯枝多，内膛光秃、衰弱，徒长枝多，开花少，产量低，品质差。根据以上情况，有针对性地逐步进行修剪改造，大枝过多的树要分年疏剪大枝，所留大枝要分布均匀，互不干扰，树体太高要分年分期落头，改善下部光照条件，并促进发新枝。采取疏剪与回缩相结合的方法，适当回缩，疏除过密枝、重叠枝、下垂枝，逐步抬起主枝角度，同时进行局部更新，并分期落头，充实内膛，使树体比较快地达到主体结果。对先端已下垂的大枝，要在弯曲部位回缩，利用背上枝抬高角度，作为新枝头。对细弱小枝，应疏除过密枝，使养分集中，促进留下的小枝健壮生长。总之，不论大枝或小枝，在1年内疏截不宜过多，以免引起徒长，影响产量，注意一定要分年疏截各类枝。

（2）夏剪 翌年生长期内的修剪。夏剪的目的是促进花芽形成，改善光照条件，利于果实着色、增大，提高坐果率，提高品质，还可弥补冬剪不足之处。

除萌芽或疏嫩枝。树冠内膛或老枝上发生的新枝过密时，在4月下旬至5月下旬疏去一部分嫩枝或提早抹芽，以节约养分，促进生长和结果。当树体生长趋于衰弱时，结果母枝节间变短。使其上部结果枝密集一处，可在花期疏去几个结果枝，以防止落果，提高坐果率。

摘心。幼树生长旺的徒长枝长到30 cm左右时，将枝条扭伤或拉伤，抑制其生长，促进花芽形成。或于6月前后摘心。对生长旺的发育枝留20 cm在5月中旬摘心，使二次枝当年即可形成花芽，成为翌年的结果母枝。如不控制引导，易导致前部枝条旺长，后部光秃，影响通风透光。

环剥。在开花中期后对较强旺的柿树进行环剥，可防落花落果，提高坐果率。具体方法：在主干上进行环剥，可采用双半环上下错开的办法，两半环的间距5～10 cm，环剥宽度0.5～1.0 cm，宽度可视树干粗细而定。早期环剥可稍宽，晚期环剥可稍窄。但不要连年环剥，以免过度削弱树体。

（六）花果管理

柿树对环境条件较为敏感，若栽培管理技术不当，易出现落花落果的现象。一般生理落花落果期在终花期以后至7月上中旬。

1. 落花落果的影响因素

落花落果与品种、树势、树龄、地区、气候、肥水条件等有关。

① 与品种的关系。有的品种本身生理落果较重，如绵柿为47%，大磨盘约为45%，九月黄为85.7%，九月青为69.7%。这些品种在生理落果轻与重的年份里，总产量可相差数倍甚至数十倍。因此，栽培品种的选择非常重要。

② 与栽培管理的关系。常因栽培管理不当而造成柿树大量落花落果。如有的柿园土壤不肥沃，又多年不施肥，致使树体营养不足，树势衰弱，花芽营养供应不上，花器形成不健全，授粉受精不良等。

③ 与天气的关系。因天气久旱无雨，又突降大雨，导致土壤湿度变化幅度不定，从而使已长好的果实产生离层而脱落。

④ 与病虫害的关系。病虫的危害，尤其是柿蒂虫的危害使柿树落花落果严重。加之花期阴雨天多，光照不足，光合效率低，影响花、果的着生。修剪过轻或不剪，使枝叶过密，互相遮阴，通风透光条件差，无效枝叶多，影响有机营养的运输与分配，从而导致落花落果。

2. 防止落花落果的措施

① 加强土肥水管理。科学合理地浇水施肥，保持土壤湿润，改善土壤理化性质，改善树体营养条件，增强树势，维持树体内正常的生理活动，提高坐果率。秋季基肥要施足，在果实膨大时期，应按10∶3∶4的比例追施氮、磷、钾。可在喷药同时进行叶面喷肥。

② 花期环剥。花期是树体营养消耗最多的时期，为使营养物质充足地供应新器官的建造，使光合产物向下运输受阻，优先满足开花坐果的需要，提高坐果率，可于花期在主干或主枝上进行环剥，环剥的宽度以0.5 cm为宜，不宜太宽，过宽不易愈合。环剥后肥水管理一定要跟上，以免起反作用。

③ 夏剪。在生长期内疏去过密枝、无效枝，在迎风面多留枝，可起防风作用；在背风面少留枝，促进通风透光，使树体各部位合理分布。保证叶果比例适当，平衡生殖生长与营养生长的关系，就

可以有效地防止落花落果。

④ 花期喷赤霉素。赤霉素是生长调节剂，具有使用剂量低、效果显著等特点。在盛花期和幼果期各喷 1 次 500 mg/kg 的赤霉素加 1‰尿素，自上向下喷，使柿蒂和幼果能充分接触药液。喷施赤霉素可以改善花和果实的营养状况，防止柿蒂与果柄发生离层，增加花和幼果对养分的吸收功能，刺激子房膨大，提高坐果率。在加 1‰尿素的情况下，效果更显著。对于防止生理落花落果，必须依据柿园的具体情况采取相应的措施，才能更好地解决。

（七）土肥水管理

1. 施肥及施用植物生长调节剂

（1）肥料　通过形态诊断，可大致掌握柿树的主要营养元素的盈亏情况，再根据叶分析，进一步了解树体内各种营养元素的水平，必要时通过土壤分析测定出土壤中可提供的养分含量水平，据此制订出合理配方，实行平衡施肥，走有机肥与化肥相结合的道路，力求达到果树体内养分的动态平衡，为果树生长发育创造良好的营养条件。

近年来，虽然在全国各地建立了一些果树专用复混肥厂，但大多是根据某些果树对氮、磷、钾的需要量，再加上一些果树容易缺乏的微量元素，提出肥料配方并在生产中应用。这些肥料配方不可能适合所有的果园，也不可能适合所有的树种。目前把果树营养诊断与土壤测试结合起来进行配肥的厂家还不多。根据营养诊断结果，合理调配肥料中营养元素的比例，配制出适合甜柿的生长特点以及适合本柿园土壤条件的专用肥，在目前情况下有 3 种途径。①将某些单元肥料掺入有机肥中，结合施基肥共同施入。当树体缺乏某种营养元素时，可将该营养元素的单元肥料按计算好的数量掺入有机肥中，结合秋施基肥共同施入。有的单元肥料（如过磷酸钙、硫酸亚铁）掺入到有机肥中，与有机肥一起经过堆沤发酵后再施用，效果更好。②在多元复合肥中掺入某些营养元素，配成符合自己要求的多元复混肥。目前市场上某些三元复合肥有几个通用型配方，如氮（N）、磷（P_2O_5）、钾（K_2O）的含量为 $10:10:10$ 或 $15:10:15$。可以选用养分含量接近要求的三元复合肥，再将其他单元或双元肥料按计算比例与其混配后施用。③自制多元混配肥料。根据营养诊断结果，设计出合适的肥料配方，将配方中所含的各营养元素的单元肥料作为基质肥料，按照配方中各种养分的比例对各基质肥料进行养分含量换算，确定出各基质肥料的用量，然后将其掺混均匀便可施用。散装掺混配料工艺简单，人们在地头就可进行掺混，各营养元素的掺混比例可根据需要随时调整，同时免去了造粒和干燥过程，成本低廉，养分损失量也少。但由于各基质配料颗粒大小不一，肥料在运输和施用过程中易发生分离现象，而达不到分布均匀的效果。所以自制掺混肥要随掺随用，一次掺混的量不要太多，以能掺混均匀为原则，掺混好的肥料装袋时，要装满并系紧袋口，以免搬动或运输时因基质肥料粒径大小不同而发生分层现象，影响施用效果。

（2）植物生长调节剂 植物的生长和发育除了需要一般的大量营养物质，还需要一类对生长有特殊作用的微量活性物质，这类微量的生理活性物质称为植物激素。植物激素是植物正常代谢的产物，不同的植物激素产生于植物的不同部位，当它们由产生部位转移到作用部位时，对生长会产生强烈的影响。为了与天然植物激素相区别，通常把人工合成的、能够调节植物体内激素水平的植物生长物质称为植物生长调节剂，如多效唑等。

多效唑是一种植物生长延缓剂。它的主要作用是抑制内源赤霉素的生物合成，致使营养生长减缓。对果树的矮化密植、早果早丰以及增强抗性有明显效果。

柿具有早果、早丰、收益快等优点，促使植物进入盛果期所需要的管理技术相应较高，控冠、防止郁闭、保持良好的通风透光条件是柿园管理的主要内容。应用多效唑，可使管理工作简化易行。经田间试验，六年生柿树秋季每株施 $6\sim10\,g$ 多效唑后，翌年新梢生长量明显减小、枝条节间变短，叶片增厚。树体趋于矮化紧凑，产量增加，且果个大小均匀、着色好、可溶性固形物含量提高。使用多效唑的甜柿，冬夏所需修剪量减小，树体同化产物用于果实生产的比例提高。

2. 灌溉

柿较耐旱，有利于实行旱作栽培。但在其年生长周期中，新梢生长期和果实膨大期是两个需水的重要时期，称之为需水临界期。若此期水分亏缺会使树体生长发育受到抑制，柿果产量和品质受到严重影响。

柿从萌芽后到新梢停止生长需要 $30 \sim 40$ d，这个时期内树体对土壤水分丰缺反应敏感，它决定着甜柿树春季叶幕形成的速度和质量。若干旱缺水，常表现为萌芽迟、发芽不整齐、展叶慢、叶片小、新梢生长不良、坐果少。不仅影响当年果实的产量和质量，且对翌年的开花结果极为不利。

柿果膨大期是从落花后开始至细胞分裂完毕时结束，大致到 7 月下旬。此时期，我国北方正值雨季，对满足柿树需水是有利的。如果此时降雨不足，土壤干旱，容易引起枝叶与果实争夺水分从而导致大量落果。

我国北方柿区春季多干旱，萌芽前应注意浇水，以促进枝叶生长和花器发育，在开花前后及时灌水可确保坐果率。在果实膨大期，若遇干旱应及时灌水，以促进果实膨大，提高柿果的产量和质量。柿树喜湿润，土壤湿度保持在田间持水量的 $60\% \sim 80\%$ 时，最有利于柿树的生长及吸收转化等活动。土壤水分不足，易导致果实萎缩，枝叶萎蔫，落花落果。因此，柿树的适时灌水很重要。

(1) 灌水时期

① 花前灌水。此时若水分不足，将使柿树生长变弱，花器发育不良，导致后期落花落果，产量下降。所以此期要适时灌水，以保证丰产。

② 新梢生长和果实发育期。此时灌水直接影响着当年产量。如水分不足，就会影响新梢生长和果实膨大，严重时会造成大量

落果。

③ 果实膨大期。此时柿树需水量最大，以供果实膨大。当土壤水分不足时，果实将变小，导致柿果早红软化，对产量影响极为明显。同时也影响花芽分化及翌年产量。

④ 果实成熟前期。此期也是一个重要的需水时期。如土壤缺水，直接影响果个和品质。若适时灌水，可增大果个，提高果实品质。此次灌水可与秋施基肥结合进行，有利于采果后树势的恢复，增强树体抗寒能力，为翌年丰产打下良好基础。

(2) 灌水量 灌水量受多种因素影响，掌握好适宜的灌水量对柿树根系生长和树体生长均有利。其适量的标准是浇透水，以平地浸湿土层 1 m 左右，山地浸湿土层 0.8~1.0 m 为宜。

(3) 灌水方法

① 沟灌。该方法简单，投资少，但用水量大，浪费水资源，且土壤易板结。

② 滴灌。一般在缺水地区采用此方法。春季在树冠外围挖长、宽、深各 50 cm 的小穴，每株树下挖 6~10 个，每穴灌 30~40 L 水，然后在穴上盖塑料薄膜，以防水分蒸发。此法省工省水，实用方便。在北方尤其西北缺水地区值得提倡。

③ 节水灌溉。柿树的需水临界期主要在上半年，此时我国北方雨季尚未来临，春旱和伏旱时有发生，故一年中，前期对柿树进行适时灌溉至关重要。在丘陵区，可以通过打旱井、修建蓄水池等方法，集引、蓄纳山地地表径流；或充分利用沟、洞中可供开发的小水源，应用节水灌溉技术，以最少的灌水次数和灌水量，解决或缓和柿树需水与自然降水不足的矛盾。具体方法为穴贮肥水地膜覆盖。这种方法是在柿树根系集中分布区域内，设置少量贮水穴，以玉米秸秆等做贮水材料，于穴内浇水施肥，并辅之以地膜覆盖保墒，使部分根系处于良好的肥水环境中。由于它具有埋草、盖膜、施肥、灌水等综合措施的增益效应，对旱地柿树增产增收效果显著，具体操作过程：将玉米秸秆捆成高 35 cm 直径 20 cm 的捆，于柿树萌芽前，在树冠垂直投影边缘向内 0.5 m 处，挖 4~8 个深度

和直径均为 40 cm 的贮水穴，将秸秆捆竖立在穴中，每穴施用优质农家肥 10～20 kg，碳酸氢铵 0.2～0.4 kg，过磷酸钙 0.1～0.2 kg，将这些肥料与土壤以 2：1 的体积比例混匀回填，回填土低于地面，使贮水穴形成小洼。浇水 5～10 kg，水充分下渗后，把穴整成外高里低的盘状，并覆盖地膜。在贮水穴中心低洼处，用木棒将地膜扎穿一个孔，平时盖瓦片或石块（或用土封严）。要及时清除膜上的泥土、树叶、杂草，使降水能顺利地从小孔中渗入土壤。干旱时扒开小洞灌透水，每穴灌水 3～5 kg。落花后和果实迅速膨大期每穴施尿素 100 g，将肥料溶于水中，取开石块从小孔灌入穴内，施肥灌水后仍将膜孔盖好。膜外杂草要随时铲除，膜下杂草较多时，可用土压盖。地膜每年更换一次，2～3 年后秸秆捆完全腐烂，可将旧穴填平另开新穴。柿园积水易造成柿树烂根和落果，柿园中规划明暗沟排水系统，可避免因涝灾造成柿园减产或柿树死亡。

3. 土壤管理

土壤管理是柿园管理的中心内容，只有进行合理的土肥水管理，使土壤养分、水分、空气、土温、化学性质 5 项指标协调稳定，才能"养根壮树"。

（1）土壤改良 土壤深翻一方面大大增强通气性，有利于土壤中微生物的活动，从而加速肥效的发挥；另一方面，打破土壤障碍层，扩大了根系的分布范围，这一点对于山丘薄地、有黏板层的黏土地及盐碱地尤为重要。深翻后，深层土壤的根系因环境条件的改善而生长状况大大好转，由于深层土壤的温度、水分等比较稳定，根系冬季不停止活动，提高了果树的抗冻、抗旱能力。一般来说果园深翻四季均可，应根据果园具体情况适时进行。

秋季深翻通常在果实采收前后结合秋施基肥进行。此时树体地上部分生长缓慢或基本停止生长，养分开始回流和积累，又值根系再次生长高峰，根系伤口易愈合，易发新根；深翻结合灌水，使土粒与根系迅速密接利于根系生长。因此，秋季是果园深翻较好的时期。但在干旱无浇水条件的地区，根系易受旱、发生冻害，地上枝芽易枯干，此种情况不宜进行秋季深翻。

春季深翻应在土壤解冻后及早进行。此时地上部分尚处休眠状态，而根系刚开始活动，深翻后伤根易愈合和再生。从土壤水分季节变化来看，春季化冻后，土壤水分向上移动，土质疏松，操作省工。我国北方多春旱，翻后需及时浇水，早春多风地区蒸发量大，深翻过程中应及时覆土，保护根系。风大干旱和寒冷地区，不宜春季深翻。

冬季深翻宜在入冬后至土壤封冻之前进行。冬季深翻后要及时添土，以防冻根，北方寒冷地区多不宜冬季深翻。

深翻深度以比果树根系集中分布层稍深为宜，一般在 60～90 cm，尽量不伤根或少伤根，1 cm 以上的大根被伤断以后恢复较慢。深翻方法有深翻扩穴、隔行深翻、对边深翻和全园深翻。

(2) 果园覆盖技术 果园覆盖栽培，是指在果园地表人工覆盖天然有机物或化学合成物的栽培管理制度，分为生物覆盖和化学覆盖。生物覆盖材料包括作物秸秆、杂草或其他植物残体。化学覆盖材料包括聚乙烯农用地膜、可降解地膜、有色膜、反光膜等化学合成材料。果园覆盖栽培作为一种省工高效的土壤管理措施，具有降低管理成本、提高土壤含水量、节省灌溉开支、增加产量等优点，另外还可以改善土壤结构，秸秆覆盖不需中耕除草，既可保持良好而稳定的土壤团粒结构，又可节省劳力。果园覆盖能够改善土壤的通透性，提高土壤孔隙度，减小土壤容重，使土质松软，利于土壤团粒结构形成，减少土壤内盐碱上升，有助于土壤保持长期疏松状态，提高土壤养分的有效性，提高土壤肥力，促进土壤微生物活动。覆盖有机物降解后可增加土壤有机质含量，连续覆盖 3～4 年，活土层可增加 10 cm 左右，土壤有机质含量可增加 1% 左右。

① 覆草。覆草前，应先浇足水，按 15.0～22.5 g/m² 的数量施用尿素，以满足微生物分解有机质时对氮的需要。覆草一年四季均可进行，以春、夏季最好。春季覆草利于果树整个生育期的生长发育，又可在果树发芽前结合施肥、春灌等农事活动一并进行，省工省时。不能在春季进行的，可在麦收后利用丰富的麦秸、麦糠进

行覆盖。注意新鲜麦秸、麦糠，要经过雨季初步腐烂后再用。对于洼地、易受晚霜危害的果园，谢花之后覆草为好。不宜进行间作的成龄果园，可采取全园覆草，即果园内裸露土地全部覆草，数量可掌握在 2.25 kg/m² 左右。幼龄园以树盘覆草为宜，用草 1.50 kg/m² 左右。覆草量也可按照拍压整理后 10～20 cm 的厚度来掌握。果园覆草应连年进行，每年均需补充一些新草，以保持原有厚度。三四年后可在冬季深翻一次，深度 15 cm 左右，将地表已腐烂的杂草翻入表土，然后加施新鲜杂草继续覆盖。

② 覆膜。覆膜前必须先追足肥料，地面必须先整细、整平。在干旱、寒冷、多风地区以早春（3 月中下旬至 4 月上旬）土壤解冻后覆膜为宜。覆膜时应将膜拉展，使之紧贴地面。一年生幼树采用块状覆膜法。树盘以树干为中心做成浅盘状，要求外高内低，以利蓄水，四周开 10 cm 浅沟，然后将膜从树干穿下并把膜缘铺入沟内用土压实。二至三年生幼树采用带状覆膜法。顺树行两边相距 65 cm 处各开一条 10 cm 浅沟，再将地膜覆上。遇树开一浅口，两边膜缘铺入沟内用土压实。成龄树采取双带状覆膜法。在树干周围 1/2 处用刀划 10～20 个分布均匀的切口，用土封口，以利降水从切口渗入树盘。两树间压一小土棱，树干基部不要用地膜围紧，应留一定空隙但应用土压实，以免烧伤干基树皮和透风。夏季进入高温季节时，注意在地膜上覆盖一些草秸等，以防根际土温过高，一般以不超过 30 ℃ 为宜。此外到冬季应及时拣除已风化破烂而无利用价值的碎膜，集中处理，以便于土壤耕作。

③ 果园覆盖注意事项。据调查，山间河谷平原或湿度较高的果园覆草或秸秆后容易加剧煤污病、蝇粪病的发生和危害；黏重土壤的果园覆草后，则易引起烂根病。河滩、海滩或池塘、水坝旁的果园，早春覆草果园花期易遭受晚霜危害，影响坐果，这类果园最好在麦收后覆草。

果园覆盖为病菌提供了栖息场所，会引起病虫数量增加，在覆盖前要用杀虫剂、杀菌剂喷洒地面和覆盖物。排水不良的地块不宜覆草，否则会加重涝害。覆草或秸秆后，果树根系分布浅，根颈部易发生冻害和腐烂病。长期覆盖的果园湿度较大，根的抗性差，可在春夏季扒开树盘下的覆盖物，对地面进行晾晒，能有效地预防根腐烂病，并促使根系向土壤深层伸展。此外覆草时根颈周围留出一定的空间，能有效地控制根颈腐烂和冻害。并且冬春树干涂白，幼树培土或用草包干，对预防冻害都有明显的作用。

农膜覆盖也带来了白色污染。聚丙烯、聚乙烯地膜，可在田间残留几十年不降解，造成土壤板结、通透性变差、地力下降，严重影响作物的生长发育和产量。残破地膜一定要拣拾干净集中处理。应优先选用可降解地膜。

（3）果园生草　果园生草适宜在年降水量 500 mm（最好为 800 mm以上）的地区或有良好灌溉条件的地区采用。若年降水量少于 500 mm 且无灌溉条件，则不宜进行生草栽培。在满足水分条件的地区行距为 5～6 m 的稀植园，在幼树期即可进行生草栽培；高密度果园不宜进行生草，而宜覆草。

生草有人工种植和自然生草两种方式，可进行全园生草、行间生草。土层深厚肥沃、根系分布较深的果园宜采用全园生草；土壤贫瘠、土层浅薄的果园宜采用行间生草。无论采取哪种方式，都要掌握一个原则，即生草对果树的肥、水、光等竞争相对较小，又有较好的土壤生态效应，且对土地的利用率高。

生草对草的种类有一定的要求。主要标准是适应性强，耐阴，生长快，产草量大，耗水量较少，植株矮小，根系浅，能吸收和固定果树不易吸收的营养物质，地面覆盖时间长，与果树无共同的病虫害，对果树无不良影响，能引诱天敌，生育期较短。以鼠茅、黑麦草、白车轴草、紫花苜蓿等为好，另外还有百脉根、百喜草、草木樨、毛苕子、扁茎黄芪、小冠花、鸭跖草、早熟禾、羊胡子草、野燕麦等。

播种前应细致整地，清除园内杂草，每 667 m² 撒施磷肥 50 kg，翻耕土壤，深度 20～25 cm，翻后整平地面，灌水补墒。为减少杂草的干扰，最好在播种前半月灌水 1 次，诱发杂草种子萌发出土，除去杂草后再播种。播种时间春、夏、秋季均可，多为春、秋季。

春播一般在 3 月中下旬至 4 月，气温稳定在 15 ℃以上时进行。秋播一般从 8 月中旬开始，到 9 月中旬结束，最好在雨后或灌溉后趁墒进行。春播后，草坪可在 7 月果园草荒发生前形成；秋播可避开果园野生杂草的影响，减少剔除杂草的繁重劳动。就果园生草草种的特性而言，白车轴草、多年生黑麦草春季或秋季均可播种；放牧型苜蓿春季、夏季或秋季均可播种；百喜草只能在春季播种。

草种用量：白车轴草、紫花苜蓿、田菁等，播种量为 0.75～2.25 g/m²，黑麦草 3.0～4.5 g/m²。可根据土壤墒情适当调整用种量，一般土壤墒情好，播种量宜小；土壤墒情差，播种量宜大些。

一般情况下，生草带为 1.2～2.0 m，生草带的边缘应根据树冠的大小在 60～200 cm 范围内变动。播种方式有条播和撒播。条播即开 0.5～1.5 cm 深的沟，将过筛细土与种子以（2～3）：1 的比例混合均匀，撒入沟内，然后覆土。遇土壤板结时及时划锄破土，以利出苗，7～10 d 即可出苗，行距以 15～30 cm 为宜。土质好，土壤肥沃，又有水浇条件时，行距可适当放宽；土壤瘠薄，行距要适当缩小。同时播种宜浅不宜深。撒播即将地整好，把种子拌入一定量的沙土撒在地表，然后耱一遍覆土即可。

幼苗期管理。出苗后应及时清除杂草，查苗补苗。生草初期应注意加强水肥管理，干旱时及时灌水补墒，并可结合灌水补施少量氮肥。白车轴草属豆科植物，自身有固氮能力，但苗期根瘤尚未生成，需补充少量的氮肥，待成坪后只需补充磷、钾肥即可。白车轴草苗期生长缓慢，抗旱性差，应保持土壤湿润，以利苗期生长。成坪后如遇长期干旱也需适当浇水，灌水后应及时松土，清除野生杂草，尤其是恶性杂草。生草最初的几个月不能刈割，要待草根扎深，植株体高达 30 cm 以上时，才能开始刈割。春季播种的，进入雨季后灭除杂草是关键。对密度较大的狗尾草、马唐等禾本科杂草，可用 10.8%的吡氟氯禾灵乳油 500～700 倍液喷雾。

成坪后管理。果园生草成坪后可保持 3～6 年，生草应适时刈割，既可以缓和春季与果树争肥水的矛盾，又可增加年内草的产量，增加土壤有机质的含量。一般每年割 2～4 次，灌溉条件好的果园，可以适当多割 1 次。割草的时间掌握在开花与初结果期，此期草内的营养物质含量最高。割草的高度，一般的豆科草如白车轴草要留 1～2 个分枝，禾本科草要留有心叶，一般留茬 5～10 cm。避免割得过重使草失去再生能力。割草时不要一次割完，顺行留一部分草，为害虫天敌保留部分生存环境。割下的草可覆盖于树盘上、就地撒开、开沟深埋或与土混合沤制成肥，也可作饲料再还肥于园。整个生长季节果园植被应在 15～40 cm 交替生长。

刈割之后均应补氮和灌水，结合果树施肥，每年春秋季施用以磷钾肥为主的肥料。生长期内，叶面喷肥 3～4 次，并在干旱时适量灌水。生草成坪后，有很强的抑制杂草的能力，一般不再人工除草。

果园种草后，既为有益昆虫提供了场所，也为病虫提供了庇护场所，果园生草后地下害虫不同程度地增加，应重视病虫防治。在利用多年后，草层老化，土壤表层板结，应及时采取更新措施。对自繁能力较强的百脉根通过复壮草群进行更新，黑麦草一般在生草 4～5 年后及时耕翻，白车轴草耕翻在 5～7 年草群退化后进行，休闲 1～2 年，重新生草。

自然生草是根据果园里自然长出的各种草，把有益的草保留，是一种省时省力的生草法。

（八）病虫害综合防治

1. 柿树的病害

（1）柿炭疽病　柿炭疽病分布较广，山东、河北、河南、山西、陕西、江苏、浙江、广西等地均有发生。主要危害果实、枝梢及苗木枝干，树叶发生较少。果实受害后变红变软，提早脱落，枝条发病严重时，往往折断枯死。

果实在发病初期，出现针头大小的深褐色至黑褐色的斑点，逐渐扩大到 5 mm 以上时，病斑稍凹陷，近圆形，中部密生略呈环纹排列的灰黑色小点粒，即分生孢子盘，当气候潮湿时，从上面分泌出粉红色黏液状的分生孢子团。病菌侵染到皮层下，果肉形成黑色的硬块，1个果实上一般发生1~2个病斑，也有多达十几个的，病果提早脱落。新梢染病最初为黑色小圆点，后扩大成褐色椭圆形病斑，中部稍凹陷，纵裂，并产生黑色小点粒。病斑长达10~20 mm，病斑下面木质部腐朽，所以病枝或苗木易从病斑处折断。嫩枝基部病斑往往绕茎1周，病部以上枯死。叶片上的病斑呈不规则形，先自叶脉、叶柄变黄，后变为黑色。

病原菌的分生孢子盘上聚生分生孢子梗，分生孢子梗顶端着生分生孢子，无色、单胞、圆筒形或长椭圆形。

病菌主要以菌丝体在枝梢病斑内越冬，也可在病干果、叶痕和冬芽中过冬。翌年初夏生出分生孢子，经风雨传播，侵染新梢及幼果，生长季节，分生孢子可进行多次侵染。病菌可从伤口或表皮直接侵入。在北方果区，一般年份，枝梢在6月上旬开始发病，雨季为发病盛期，后期秋梢可继续发病。果实多自6月下旬至7月上旬开始发病，直至采收期，发病重的7月中下旬即开始脱落。炭疽病菌喜高温高湿，夏季多雨年份发生严重。病菌发育最适温度为25℃左右，低于9℃或高于35℃，均不适于病菌的生长发育。病害发生与树势也有关系，柿树管理粗放，树势衰弱易发病。

防治方法：①加强栽培管理。合理施肥，勿过多施氮肥，防止徒长。②清除菌源。冬季剪除病枝，清除园内落果。在柿树生长期中，应经常剪除病枝，摘拾病果，并将其深埋，减少病菌传播。③苗木处理。引种苗木时，应除去病苗或剪去病部，并在1∶4∶80波尔多液或20%石灰液中浸泡10 min再定植。④喷洒药剂。6月上中旬喷1∶5∶400波尔多液。7—8月再酌情喷1~2次，防病效果良好，也可用65%代森锌可湿性粉剂500~700倍液。发病严重的地区，可在发芽前加喷5波美度石硫合剂。

(2) 柿角斑病 柿角斑病在我国分布很广，在华北到西北山区，江浙到两广沿海地区，四川、云南、贵州、台湾等地的柿产区到处可见。此病危害柿树和君迁子的叶片和果蒂，造成早期落叶，枝条衰弱不成熟，果实提前变软、脱落，严重影响树势和产量。

叶片受害初期正面出现不规则黄绿色病斑，边缘较模糊，斑内叶脉变为黑色。以后病斑逐渐加深成浅黑色，十余天后病斑中部褪成浅褐色。病斑扩展，由于受叶脉限制，最后呈不规则多角形，大小约 2~8 mm，边缘黑色，上面密生黑色小点粒，为病菌的分生孢子丛。病斑背面由淡黄色渐变为褐色或黑褐色，有黑色边缘，但不如正面明显，也有黑色小点粒，但较正面细小。病斑自出现至定型约需 1 个月。柿蒂病斑发生在蒂的四角，褐色，边缘黑色或不明显，形态大小不定。病斑由蒂的尖端向内扩展。蒂两面均可产生黑色小点粒，但以背面较多。病情严重时，采收前 1 个月大量落叶，落叶后柿子变软，相继脱落，而病蒂大多残留在枝上，因枝条发育不充实，冬季容易受冻枯死。

病原菌分生孢子丛基部的菌丝团呈半球形或扁球形，暗绿色。其上丛生分生孢子梗，分生孢子梗短杆状，不分枝，尖端稍细，褐色，上面着生 1 个分生孢子。分生孢子棍棒状，上端细，无色或淡黄色。

角斑病菌以菌丝在病叶、病蒂上越冬，翌年 6—7 月在一定的雨量和温度条件下产生新的分生孢子，成为病害初次侵染的菌源。这些越冬的病残体一年中可以不断产生新的孢子，侵害叶片和果实，其中树上残留的病蒂是主要侵染来源和传播中心，病菌在病蒂上可以存活 3 年以上，因此病蒂在角斑病侵染循环中占重要地位。病菌分生孢子主要借雨水传播，自叶背气孔侵入，潜育期 25~38 d。雨量对角斑病的发生和流行影响很大。河北、山东一带于 8 月开始发生，到 9 月可造成大量落叶，以后相继发生落果。发病和落叶的早晚，与雨季早晚以及雨量的多少有密切关系，如 5—8 月雨量大，降雨天数多，则落叶早。降雨晚、雨量较少的年份，发病晚而轻。

柿叶的抗病力因发育阶段不同而异。幼叶不易受侵染，老叶易受侵染；在同一枝条上顶部叶不易受侵染而下部叶易受侵染。在地势低湿处栽培或周围种植高秆作物的柿树，以及内膛叶片，由于相对湿度较高，一般发病早而严重。丘陵地栽植的柿树发病较轻。病菌越冬量与发病轻重也有关系，树上残留病蒂多的柿树发病早而严重。君迁子树上残留病蒂多，因而靠近君迁子的柿树发病早而严重。君迁子苗木易感病，能造成严重落叶。

防治方法：①清除树上的病蒂及枯枝，发芽前彻底摘除树上的病蒂，剪去枯枝。此工作如做得细致、彻底，在我国北部柿区即可避免此病成灾。②喷药保护。喷药保护的关键时间，北方柿区为6月下旬至7月下旬，即落花后20～30 d。可用1：5：（400～600）波尔多液喷1～2次，也可以喷洒65％代森锌可湿性粉剂500～600倍液。南方果区因温度高，雨水较多，喷药时间应稍提前，可参考当地物候期，提早10 d左右，可喷药2～3次，药剂配方同北方用药。③加强栽培管理。增施有机肥料，改良土壤，增强树势。低湿果园注意排水，柿树周围不种高秆作物，以降低果园湿度，减少发病。

(3) 柿圆斑病 柿圆斑病在我国河北、山东、河南、山西、陕西、四川、浙江等省都有分布，华北和西北山区发生普通。造成柿树早期落叶，柿果提早变红、变软、脱落，削弱树势，降低产量。

主要危害叶片，也侵染柿蒂。初期叶片出现大量浅褐色圆形小病斑，边缘不清，逐渐扩大呈圆形，深褐色，边缘黑褐色，病斑直径多数仅2～3 mm，病斑数目可达百余个甚至数百个。病叶逐渐变红，在病斑周围出现黄绿色晕环，其外围还往往出现一层黄色晕。发病后期在叶背可见到黑色小点粒，即病菌的子囊壳。病叶从发病到叶片变红脱落，最快只需5～7 d。生长势弱的树，病叶脱落较快，强健的树落叶时叶片常不变红。由于叶片大量脱落，柿果即变红、变软，风味变淡，并迅速脱落。

子囊壳生于叶表皮下，近球形，黑褐色，以后顶端突破表皮，子囊丛生于子囊壳底部，内有8个子囊孢子。柿圆斑病菌以子囊壳在病叶上越冬。在我国北方，一般于翌年6月中旬至7月上旬，子囊壳成熟，子囊孢子大量飞散，借风力传播，由叶片气孔侵入，经过60～100 d的潜伏期，到8月下旬至9月上旬出现病斑，9月底病害发展最快，10月中旬以后逐渐停止。此病每年只侵染1次。

在自然条件下，柿圆斑病菌不产生分生孢子，所以没有再次侵染的现象。圆斑病发病早晚和危害程度与病害侵染期的雨量有很大关系，如 6—8 月雨量偏多，则发病严重。

防治方法：①清除病菌。秋后彻底清扫落叶，集中处理，清除越冬菌源，即可基本控制本病危害。②喷药保护。柿树落花后（约为 6 月上旬），子囊孢子大量飞散以前，喷 1：5：（400～600）波尔多液，保护叶片。一般地区喷药 1 次即可，重病地区半月后再喷 1 次，基本上可以防止落叶、落果。也可以喷 65％代森锌可湿性粉剂 500 倍液。

2. 柿树的虫害

（1）柿蒂虫　又名柿实蛾。分布于河北、山西、山东、河南、陕西、安徽、江苏等地的柿产区。幼虫在果实贴近柿蒂处危害，被蛀食的柿子早期变软、脱落。在多雨年份，常造成柿子严重减产。是危害柿果的重要害虫。

形态特征：雄成虫体长约 7.0 mm，翅展 15～17 mm，雌成虫体长约 5.5 mm，翅展 14～15 mm。体翅有金属光泽，头部黄褐色，触角丝状。胸腹和前后翅均呈紫褐色，胸部中央黄色。前后翅均细长，缘毛较长，前翅近顶端处有 1 条由前缘斜向外缘的黄色斑纹。足和腹部末端均呈黄褐色，后足胫节上着生深褐色成排毛丛，静止时向身体两侧开张。卵椭圆形，长 0.50 mm，宽约 0.36 mm，乳白色，后变为淡粉红色，表面有细小纵纹，有白色短毛。幼虫初孵化时体长约 0.9 mm，头部褐色，躯干部浅橙色；老熟时体长约 10.0 mm，头部黄褐色，前胸背板及臀板暗褐色，背面暗紫色，前 3 节稍淡。蛹长 7.0 mm，褐色。茧长约 8.0 mm，长椭圆形，污白色，并黏附有碎木屑。

柿蒂虫每年发生 2 代，以老熟幼虫在树皮裂缝下结茧越冬。在河南柿产区，越冬幼虫于 4 月中下旬化蛹。越冬代成虫 5 月上旬至 6 月上旬出现，盛期在 5 月中旬。卵 5 月中旬至 6 月中旬出现。5 月下旬第一代幼虫开始害果，6 月下旬至 7 月上旬幼虫老熟，此代老熟幼虫一部分在被害果内，一部分在树皮裂缝下结茧化蛹。第一代成虫7月下旬羽化，盛期在7月中旬。卵7月上旬至8月上旬出现，盛期在7月中下旬。幼虫7月下旬开始危害，8月下旬为盛期，直至采收。8月下旬以后幼虫陆续老熟，脱果越冬。

柿蒂虫成虫白天静伏在叶片背面或其他部位阴暗处，夜间活动、交尾、产卵。卵多产在果梗与果蒂缝隙处、果梗上、果蒂外缘及叶芽两侧。卵散产，每头雌虫能产卵40粒左右。卵期5～7 d，第一代幼虫孵化后，多自果柄蛀入果内危害，并在果蒂与果实相接之处用丝缠缀，粪便排于蛀孔外。1头幼虫危害4～6个幼果，被害果由绿色变为灰褐色，而后干枯。由于被害果有丝缀连，故不易脱落而挂在树上。第二代幼虫一般在柿蒂下危害果肉，被害果提前变红变软，并易掉落。在多雨高湿天气，幼虫转果较多，柿子受害严重。

防治方法：①刮树皮。冬季至柿树发芽前，刮去枝干上老粗皮，集中处理，可以消灭越冬幼虫，如果刮得仔细、彻底，效果显著，1次刮净，可以数年不用再刮，直至再长出粗皮时再刮。②摘虫果。在幼虫害果期，中部地区第一代6月中下旬、第二代8月中下旬，各摘虫果2～3遍。掌握好时间，将柿蒂一起摘下，以消灭留在柿蒂和果柄内的幼虫，能收到良好的效果。如果第一代虫果摘得净，可减轻第二代害虫危害。当年摘得彻底，可减轻翌年的虫口密度和危害程度。③树干绑草环。8月中旬以前，即老熟幼虫进入树皮下越冬之前，在刮过粗皮的树干、主枝基部绑草环，可以诱集老熟幼虫，冬季解下运至园外处理。④药剂防治。5月中旬和7月中旬，两代成虫盛期，喷90%敌百虫或50%马拉·硫磷、50%敌敌畏、30%氰戊·马拉松、50%杀螟硫磷等1 000倍液或菊酯类农药3 000倍液，每代防治1～2次，效果良好。

(2) 柿绵蚧 又名柿绒蚧。分布于河北、河南、山东、山西、陕西、安徽、广西等地。若虫和成虫危害幼嫩枝条、幼叶和果实。若虫和成虫最喜群集在果实与柿蒂相接的缝隙处危害。被害处初呈黄绿色小点，逐渐扩大成黑斑，使果实提前变软、脱落，影响产量和品质。

形态特征：雌成虫体长 1.5 mm，宽 1.0 mm，椭圆形，体暗紫红色。腹部边缘有白色弯曲的细毛状蜡质分泌物。虫体背面薄盖白色毛毡状蜡壳，长 3.0 mm，宽 2.0 mm。介壳前端椭圆形，背面隆起，尾部卵囊由白色絮状蜡质构成，表面有稀疏的白色蜡毛。雄成虫体长 1.2 mm 左右，紫红色，有翅 1 对，无色半透明。介壳椭圆形，质地与雌成虫介壳相同。卵长 0.25～0.30 mm，紫红色，卵圆形，表面附有白色蜡粉及蜡丝。越冬若虫体长 0.5 mm，紫红色，体扁平，椭圆形，体侧有成对长短不一的刺状突起。

在山东 1 年发生 4 代，广西 1 年发生 5～6 代，以被有薄层蜡粉的初龄若虫在三四年生枝条的皮层裂缝、当年生枝条基部、树干的粗皮缝隙及干柿蒂上越冬。在山东 4 月中下旬出蛰，爬到嫩芽、新梢、叶柄、叶背等处吸食汁液。以后在柿蒂和果实表面固着危害，同时形成蜡被，逐渐长大分化为雌雄两性。5 月中下旬长为成虫交尾，雌虫体背面逐渐形成卵囊，并开始产卵，随着卵的不断产出，虫体逐渐向前方缩小。雌虫产卵数，以寄生在果上的最多，可达 300 粒左右；寄生在叶上的次之；寄生在枝上的较少，100 粒左右。卵期 12～21 d。1 年中各代若虫出现盛期为第一代 6 月上中旬，第二代 7 月中旬，第三代 8 月中旬，第四代 9 月中下旬。各代发生不整齐，互相交错。前两代主要危害柿叶及一二年生枝条，后两代主要危害枝果，以第三代危害最重。嫩枝被害以后，轻则形成黑斑，重则枯死。叶片被害严重时畸形，提早落叶。幼果被害容易落果。柿果长大以后，由绿变黄变软，虫体固着部位逐渐凹陷、木栓化、变黑色，严重时能造成裂果，对产量、质量都有很大影响。枝多、叶茂、皮薄、多汁的品种受害较重。柿绵蚧的主要天敌有黑缘红瓢虫和红点唇瓢虫等，对控制柿绵蚧的发生有一定作用。

防治方法：防治应抓紧前期和保护天敌两方面。①越冬期防治，春季柿树发芽前，喷 1 次 5 波美度石硫合剂（加入 0.3% 洗衣粉可增加展着作用）或 5% 柴油乳剂，防治越冬若虫。②出蛰期防治。4 月上旬至 5 月初，柿树展叶后至开花前，越冬虫已离开越冬部位，但还未形成蜡壳前，是防治的有利时机。使用 50％马拉硫磷 1 000 倍液，周密细致地喷雾，效果很好。如前期未控制住，可在各代若虫孵化期喷药防治。③保护天敌。当天敌发生量大时，应尽量不用广谱性农药，以免杀害黑缘红瓢虫和红点唇瓢虫等天敌。④注意接穗质量。不引用带虫接穗，有虫的苗木要消毒后再栽植。

(3) 柿斑叶蝉 柿斑叶蝉又名血斑小叶蝉。分布于河北、河南、山东、山西、陕西、江苏、浙江、四川等地的柿产区，发生普遍。以若虫和成虫聚集在叶片背面刺吸汁液，使叶片出现失绿斑点，严重时叶片苍白，中脉附近组织变褐，以致早期落叶。

形态特征：成虫体长 3 mm 左右，全身淡黄白色，头部向前呈钝圆锥形突出。前胸背板前缘有淡橘黄色斑点两个，后缘有同色横纹，小盾片基部有橘黄色 V 形斑 1 个。前翅黄白色，基部、中部和端部各有 1 条橘红色不规则斜斑纹，翅面散生若干褐色小点。卵白色，长椭圆形稍弯曲。若虫共 5 龄。初孵若虫淡黄白色，复眼红褐色。随龄期增长体色渐变为黄色。末龄若虫体长 2.2～2.4 mm，身上有白色长刺毛，羽化前翅芽黄色加深。

年发生 3 代，以卵在当年生枝条皮层内越冬。4 月中下旬越冬卵开始孵化，第一代若虫期近 1 个月。5 月上中旬越冬代成虫羽化、交尾，次日即可产卵。卵散产在叶片背面靠近叶脉处。卵期约半天。6 月上中旬孵化为第二代若虫，7 月上旬第二代成虫出现，以后世代交替，常造成严重危害。柿斑叶蝉若虫孵化后先集中在枝条基部、叶片背面中脉附近，不太活跃，长大后逐渐分散。若虫及成虫喜栖息在叶背中脉两侧吸食汁液，致使叶片呈现白色斑点。成虫和老龄若虫性情活泼，喜横着爬行，成虫受惊动即起飞。

防治方法：在第一、二代若虫期防治此虫，效果良好。药剂可用 50％敌敌畏和 50％马拉硫磷 1 000 倍液，或 25％噻嗪酮可湿性粉剂 1 000～1 500 倍液（此药对鱼有毒，靠近鱼塘的果园不可用）。

3. 柿树害虫的主要天敌

害虫有许多天敌，它们在无声无息中控制着一些害虫的发生和发展。因不认识天敌或者用药不当而将它们杀死，就会造成一些次要害虫的大发生。因此，必须认识害虫的重要天敌，以便于保护和利用它们，维持自然界的生态平衡，以达到尽量少用药而害虫又不致造成较大危害的目的。现介绍柿树害虫的几种主要天敌。

(1) 瓢虫 瓢虫有许多种，绝大多数是于农业生产有益的虫，成虫和幼虫均以害虫为食。主要取食蚜虫、介壳虫、螨类以及一些小型昆虫和卵。柿树上常见的瓢虫有以下几种。

① 黑缘红瓢虫。在我国发生普遍，南北方均有。以成虫和幼虫捕食多种介壳虫，如柿绵蚧、角蜡蚧、桃球坚蚧、东方盔蚧、桑白蚧等。

成虫体长 5.2～6.0 mm，宽 4.5～5.5 mm。身体近圆形，背面光滑，头、前胸背板及鞘翅周缘黑色、鞘翅基部及背中央枣红色。卵长椭圆形，长 1 mm，黄色。末龄幼虫体长 8～10 mm，体灰色，沿背中线两侧各有 3 排黑褐色刚毛状突起。蛹橙黄色，长 4～5 mm，后期变为褐色，固定于幼虫壳内尾部，壳背裂开。

1 年发生 1 代，成虫在树洞、石缝、草地、落叶下等处越冬。翌年 4 月天暖时活动取食。4 月中旬至 5 月上旬大量产卵，卵产在介壳虫空壳及树皮缝等处。幼虫孵化后捕食介壳虫，5 月中旬至 6 月大量化蛹。常数十头群集在大枝下面背阴处。5 月下旬至 6 月下旬成虫大量发生，也捕食介壳虫。夏季高温时，成虫栖息在树荫处叶背不食不动，进入滞育越夏。到 9—10 月，气温下降，又捕食介壳虫，11 月越冬。1 头瓢虫一生可捕食介壳虫约 2 000 头，对控制介壳虫危害作用很大。

采集成虫移放到果园，移放后不可喷全杀性杀虫剂。果园内设置越冬场所，可在向阳温暖处用石块、落叶、秸秆等堆放成孔穴，使雨雪不易浸入，供成虫安全过冬。

② 红环瓢虫。全国南北方均有分布。可捕食草履蚧、桑白蚧、吹绵蚧、柿绵蚧等。成虫、幼虫均能捕食害虫。

成虫体长 4～6 mm，宽 3.0～4.5 mm。长圆形，弧形拱起。

头、前胸背板、小盾片黑色，前胸背板前缘和两侧缘橙红色。鞘翅黑色，周缘和鞘翅缝为红色环绕。体被有黄白色细毛。卵椭圆形，两端略尖，橙黄色。幼虫体长 7.5～8.5 mm，似梭形。头黑色，体橙红色，体背有白色细毛，体背各节两侧各有 1 个瘤状突起，上生有毛刺。蛹卵圆形，橙红色，外被白色细毛。

1 年发生 1 代，以成虫越冬，越冬场所、生活习性与黑缘红瓢虫相同。在山东于 3—4 月出蛰，捕食草履蚧若虫，4 月中旬大量产卵。卵期 20 多天，5 月孵化。凡有草履蚧的地方一般均有此虫，发生量大时可消灭 70%～80% 的草履蚧。用手触之，幼虫可从体节上分泌出红色液体，容易识别。6 月化蛹，6 月下旬至 7 月上旬羽化。

③ 暗红瓢虫。分布于北京、河南等地。捕食草履蚧等。

成虫体长 1.4～5.0 mm，宽 3.4～4.0 mm。体长圆形，红褐色，外被白色密毛。幼虫体长 7～8 mm，灰褐色，体上有瘤状突起，上生刺毛。与红环瓢虫近似，触之，体上也能分泌出红色黏液。发生情况与红环瓢虫相似。

④ 红点唇瓢虫。我国南北方均有分布。捕食介壳虫的种类很多，如柿绵蚧、龟蜡蚧、牡蛎蚧、桑白蚧、梨圆蚧等，以及蚜虫、木虱、叶蝉等。

成虫体长 3.4～4.4 mm，体圆形，背面黑色有光泽。鞘翅中央有一个褐黄色近圆形斑尖，头、腹部和触角黄褐色。卵长椭圆形，黄色至橙黄色。老熟幼虫体长 6 mm，体红褐色，背上有 6 列黑色刺毛。蛹为卵形，一头略尖，外包幼虫的皮壳，壳背裂开。蛹黑褐色，有黄色线纹。

在山东 1 年发生 2 代，河南 1 年发生 3 代，成虫在树下裂缝、石缝、落叶下过冬。4 月出蛰取食，产卵于树皮缝或介壳虫空壳下。成虫、幼虫均能捕食害虫。

捕食柿树上柿绵蚧等介壳虫的，除上述种类外，还有圆斑弯叶毛瓢虫、蒙古光瓢虫、中华显盾瓢虫等多种。

(2) 寄生蜂 寄生蜂在虫体内或卵内吸取营养，然后化为成虫，再寻找寄主，致使害虫死亡。现介绍两种寄生于介壳虫的寄生蜂。

① 绒蚧跳小蜂。在山东发现。寄主有柿绵蚧、石榴绒蚧等。

雄成虫体长 0.84～0.86 mm，全体黄褐色，翅透明，足黄白色。产卵器浅黄色，突出腹部末端。

绒蚧跳小蜂在山东 1 年发生 4 代。幼虫在寄主体内过冬，翌年 4 月下旬至 5 月化蛹，5 月下旬到 6 月上旬越冬代成虫出现，产卵于寄主若虫体内。

柿绵蚧 1 年发生 4 代，寄生蜂的成虫期与其若虫期相吻合。据在烟台的观察，寄生蜂对柿绵蚧寄生率可达 70%～80%。凡有绒蚧跳小蜂并有红点唇瓢虫等害虫天敌的柿园，柿绵蚧基本被天敌控制而不致造成经济损失。

② 龟蜡蚧跳小蜂。能寄生龟蜡蚧的跳小蜂有数种，河南记载有 6 种，山东记载 1 种。龟蜡蚧跳小蜂成虫体型小，虫体为黄褐色、浅黄褐色，少数为黑色，有蓝绿色光泽。

山东发生的龟蜡蚧跳小蜂雌成虫体长 2 mm。头橙黄色，胸背青蓝色有光泽，侧缘、腹面翅基为赤黄色，前翅淡黑色，中央有透明横带，腹部近卵圆形，产卵器突出尾端。雄虫全体有青蓝色光泽。

龟蜡蚧跳小蜂 1 年发生 1 代。幼虫在龟蜡蚧体内过冬，翌年 5 月下旬至 6 月中旬羽化、成虫寿命长，以介壳虫分泌物为食。6—7 月产卵于介壳虫若虫体内，取食介壳虫虫体。在山东调查，寄生蜂对龟蜡蚧寄生率达 90% 以上，故此蜂发生多的地方，龟蜡蚧危害较轻。

寄生蜂成虫发生期不使用全杀性的农药，如必须用药，可使用选择性农药，选择对天敌无害的药剂，也可以使用既杀一般害虫又杀介壳虫的药剂，如敌敌畏等。

春季从寄生蜂多的果园采摘虫枝移入果园，放于寄生蜂羽化器中使其羽化飞出，寻找寄主寄生，逐渐在此园建立龟蜡蚧跳小蜂群落。

4. 柿树病虫害的综合防治

(1) 各季节病虫害综合防治的重点 休眠期：剪除病虫枯枝，摘净树上残存柿蒂、干果，清扫落叶深埋。可以防治多种病虫害，如角斑病、圆斑病、炭疽病及蝉卵、介壳虫等。刮除树干粗皮，摘掉绑的草环，消灭在内越冬的柿蒂虫等。1—2月天暖时，草履蚧若虫开始孵化上树，应注意检查，及时在树干上涂粘虫胶粘死若虫，阻止其上树危害。

发芽前：喷布5波美度石硫合剂防治病害及多种介壳虫。对于以成虫越冬的龟蜡蚧和红蜡蚧等，因其蜡壳较厚，可使用5%柴油乳剂。对于介壳虫的防治，发芽前是全年防治的重点，此次防治到位，生长期就可以不再防治，剩余的依靠天敌来控制。打药必须做到细致、周到，小枝、大枝、树干均应喷上药液。

落花后：喷布波尔多液或代森锌等杀菌剂1~2次，间隔20 d左右，防治多种病害。

幼果期至采收前：摘除第一、二代柿蒂虫危害果，特别是第一代虫果，如果摘净就可以减少第二代发生。8月上中旬在刮过粗皮的树干绑草环，诱集柿蒂虫进入过冬，继续防治病害。对于多种食叶性害虫，尽量使用生物农药如苏云金杆菌或灭幼脲等。注意保护天敌。要认真识别，在天敌发生量大时，尽量不使用全杀性药剂。

(2) 波尔多液、石硫合剂和矿物油乳剂的配制

① 波尔多液。波尔多液是应用范围很广的杀菌剂，是用硫酸铜和石灰配制而成。

原料：硫酸铜为蓝色块状结晶，石灰以块状石灰最好，如果没有生石灰（CaO），使用粉状的消石灰 $[Ca(OH)_2]$，需加大用量30%。

配制方法：按要求的比例，称出药和水的重量。如1：5：400式波尔多液，即硫酸铜、生石灰、水的质量比为1：5：400。将总水量的20%配成浓石灰乳，剩下的80%配成稀硫酸铜液，然后将稀硫酸铜液徐徐倒入浓石灰乳中（或将半量水溶化硫酸铜，半量水溶化石灰同时倒入 1 个容器内），边倒边搅拌，即制成天蓝色的波尔多液。此法配制的药液质量最好，胶体性能强，不易沉淀。

注意事项：A. 上述配制顺序不能颠倒。B. 不能先配成浓的波尔多液，再加水稀释。C. 将浓硫酸铜液倒入稀石灰水中，质量不好。D. 溶化硫酸铜不能使用金属容器。

② 石硫合剂。石硫合剂即石灰硫黄合剂，是应用历史较长的杀虫、杀菌剂，由石灰和硫黄熬制而成，为红褐色药液。

配制方法：配制比例为硫黄粉、生石灰、水的质量比为 2∶1∶10。先将定量的水放入铁锅内加温，然后将硫黄粉用温水调成糊状（不要有干的硫黄团粒），倒入锅内继续加热煮沸。再将块状生石灰逐次投入锅内，并继续搅拌，药液由黄色逐渐变为红褐色，煮40～50 min 即成。然后放入缸中沉淀、冷却，过滤后即成红褐色透明澄清液，可用波美比重计测定原液浓度，使用时根据需要浓度稀释，稀释倍数可查石硫合剂原液重量倍数稀释表和石硫合剂容量倍数稀释表。存放时容器密封。

注意事项：A. 生石灰质量要好，硫黄粉要细。B. 先放硫黄，后放石灰。C. 火力掌握好，使锅中一直保持沸腾状态。D. 田间用药，喷过石硫合剂后 7～10 d 后才能喷波尔多液，喷过波尔多液后15～20 d 后才能用石硫合剂。

③ 矿物油乳剂。矿物油乳剂主要用于果树休眠期防治介壳虫类、螨类和蚜虫的越冬卵等。低浓度的也可用于生长季，须注意避免产生药害。治虫的矿物油乳剂有机油、柴油、洗衣粉柴油乳剂。

机油乳剂已制成的商品有 95％机油乳剂和 95％蚧螨灵乳油。可直接加水稀释使用。发芽前用 50～100 倍液。

柴油乳剂用柴油加乳化剂配制，须现配现用。

A. 轻柴油乳剂。柴油、水、肥皂的质量比为 50∶50∶3。先将肥皂切碎加入热水溶化，同时将柴油在热水溶液中加热到 70℃（勿直接加热，以免失火），把热柴油慢慢倒入肥皂水中，边倒边搅拌，再用去掉喷水片的小型喷雾器将乳剂反复喷射 2 次，即成含油量 48.5％的柴油乳剂。将原液稀释 10 倍，可以防治介壳虫等害虫。

B. 重柴油乳剂。重柴油、亚硫酸纸浆废液、水的质量比为10：3：185。将柴油和纸浆分别加热，再把油慢慢倒入纸浆废液中，边倒边搅拌，成稀糊状即成。用时先用少量温水慢慢倒入原液中，最后将定量水加入，即成5%柴油乳剂。如果纸浆废液是碱性的（烧碱处理过的造纸原料），需要先加入少许盐酸或粗硫酸中和，使之呈弱酸性（pH 为6～7）才能使用。纸浆废液是造纸厂的废水，浓度不一，尽量取高浓度的，如果有浓缩的最好。先测定干物质含量，称取一定量的废液，放入已知重量的锅内，加热煮干后再称锅与纸总重量，所得数据减去锅重，即得干物质重量，以原液重量除干物质重量，即算出该废液干物质含量。作乳化剂的纸浆废液浓度不小于3%即可使用，如浓度高时可加水稀释。纸浆废液加酸量：取定量废液和定量粗酸，将酸徐徐加入废液中不断搅拌，用石蕊试纸测定酸碱度，当试纸开始变红时即可。从原酸量中减去剩余量，即得出加酸量。配制柴油乳剂：将等质量柴油加入3%纸浆废液中，边倒边搅拌，然后再用喷雾器喷1遍，使油点变小分散，提高乳化程度，这样配出含油量50%的原液。再根据需要加水稀释。

C. 洗衣粉柴油乳剂。用洗衣粉、零号柴油、水按2：1：400的质量比，先用少量热水将洗衣粉溶化，把柴油徐徐加入洗衣粉溶液中并不断搅拌至油全部溶化，再加入剩余的水即成。最好用两个喷雾器，1个喷油，1个喷洗衣粉液，同时喷入第三个容器内，并不断搅拌，喷完加入全量水。因洗衣粉种类多，应先用少量测试对比，选择合适的洗衣粉，再大量使用。此乳剂因含油量低，可在生长期防治螨类、蚜虫及初孵化的介壳虫若虫。

（九）采收和贮藏加工

1. 柿果采收

（1）采收时间 柿果的采收时间因地区、品种、用途等不同而异，一般南方比北方早采收半个月左右，同一地区不同品种采收时间相差可达两个月。现就各种用途果实的采收期做一简单介绍。

① 作脆柿鲜食用。在果个大小固定，皮变黄色而未转红，种子已呈褐色时便可采收。采收过早果实着色差，含糖量低，品质不佳，抗病性差。采收过晚品质开始下降，果实极易软化腐烂。甜柿类品种能够在树上自行脱涩，采下便可鲜食，以果皮正变红而肉质尚未软化时采收品质最佳。

② 制柿饼用。柿果要充分成熟，在果皮黄色减退而稍呈红色时采收，以霜降前后为采收适期。因此时果实含糖量高，尚未软化，削皮容易，制成柿饼品质最优。若采收过早，果实含糖量低，制出的柿饼质量不佳；采收过晚果实易软化，在加工时不易削皮。一般多用中晚熟品种。

③ 作软柿鲜食用。应在果实黄色减退充分转红时采收。此时果实含糖量高，色红，进行人工催熟后，软化便可食用。在南方少数地方，任其在树上生长，待充分成熟呈半软状态时才采收，这样的果比人工催熟的味甜。

④ 提柿漆用。应在8月下旬果实着色前采收。此时单宁含量高，为最适采收期。

（2）采收方法

① 采收时用手或摘果器将果逐个摘下。此方法虽不伤连年结果的枝条，但柿树易衰老，结果部位外移，内膛空虚，易出现大小年现象。此方法适合未进入结果盛期的幼树使用。

② 用手或夹竿、挠钩等将果连同果枝上中部一起折下。使用此法易把连年结果的果枝顶部花芽摘掉，影响翌年产量，也常使二三年生枝折断。但折枝后也可促发新枝，使果树更新或回缩结果部位，便于控制树冠，防止结果部位外移，可起到粗放修剪的作用。此方法适于进入盛果期使用。

2. 柿果脱涩

一般柿果成熟后都有涩味，不经脱涩无法直接食用。这是由于柿果肉中含有单宁，而单宁多数以可溶性状态存在。虽然单宁在果实成熟过程中可以逐渐由可溶性转化为不溶性状态，但采下后仍有一部分可溶性单宁存在。单宁有收敛作用，当咬破果肉后，可溶性单宁流出来，被唾液溶解，使人感到涩味很大，食用性不佳，只有经过人工处理脱涩后方可食用。甜柿类果实之所以采下后便可食用，是由于采收前单宁在树上已完全转化为不溶性状态，当咬破果肉后，不能被唾液溶解，所以感觉不到涩味。脱涩就是将可溶性单宁转化为不溶性单宁，并非将单宁除去或减少，这种变化只在单宁细胞内进行。脱涩原理大致有两种：一是直接作用，用乙醇、石灰水、食盐等化学物质直接渗入果肉中，与其中的单宁发生沉淀，使可溶性单宁转化为不溶性，达到脱涩目的。二是间接作用，将果实置于水蒸气或二氧化碳、乙烯等气体中，在无氧条件下使果肉细胞进行无氧呼吸，分解果实内糖分，放出二氧化碳，产生乙醇，乙醇再转变为乙醛，使之与可溶性单宁结合变为不溶性的树脂状物质，使果实失去涩味。有的脱涩方法兼有以上两种原理。

脱涩快慢与品种、成熟度有关，也与当时气温和化学物质有关。一般脱涩方法有以下几种。

① 温水脱涩。将新鲜柿果浸入 40 ℃左右的温水中，淹没柿果，加盖密封，保持恒温，经 10～24 h 后便能脱涩；在冷水中浸 5～6 d 也能脱涩，但要经常换水。此方法脱涩的柿味淡，不能久贮。2～3 d 果色便发褐变软，不宜大规模进行，但因方法简单易行，脱涩速度快，适合小商贩和家庭采用。

② 石灰水脱涩。将果实浸入 3%～5%的石灰水中。要先用少量水把石灰溶化，再加一定量水稀释成 3%～5%的浓度，水量要淹没柿果，使石灰直接和果中的单宁物质发生作用，经 3～4 d 便可脱涩。如能提高水温，便能缩短脱涩时间。由于钙离子能阻碍原果胶的水解作用，所以使用此方法脱涩后果实特别脆，适用于着色不久的柿果。缺点是脱涩后表面附有石灰痕迹，不易洗净，有碍美观，若处理不当，还可能引起裂果。

③ 二氧化碳脱涩。把柿果装入密闭容器中，注入 70%的二氧化碳气体（为适宜脱涩浓度），然后密封存放在 15～25 ℃温度条件

下，经过 2～3 d 即可脱涩。

④ 乙烯利脱涩。将采摘下来的柿果浸泡在 0.4～0.5 g/kg 乙烯利水溶液中，经 10 min 后，捞出来放在塑料薄膜上堆放 48～50 h 即可脱涩出售。

⑤ 乙醇脱涩。选用可装 15 kg 柿果的纸箱，箱内垫 0.03 mm 厚聚乙烯薄膜袋，按每 1 kg 柿果取 4 mL 乙醇或固体乙醇倒在厚吸水纸或脱脂棉上的比例，每箱底部放 1～2 块即可密封外运，运输中即可脱涩，到达目的地可马上销售。

各柿产区可根据当地的实际情况和经济条件来选择脱涩方法。但无论采用哪种脱涩方法，对脱涩用的柿果必须进行挑选，剔除伤果及病虫果，以免在脱涩过程中引起病菌感染，影响柿果的外观及品质。

3. 柿果贮藏

为了延长柿果在市场的供应期和便于加工，必须更好地解决贮藏保鲜的问题，以提高果实的商品价值。贮藏柿果要依各地气候和地理条件，因地制宜地选用中晚熟品种，细心采收，严格挑选，才能达到贮藏标准。

柿果贮藏方法有室内堆藏、露天架藏、自然冷冻、冷冻保藏、气体贮藏、液藏法等，现介绍几种常用的方法。

① 露天架藏法。用于贮藏的柿果宜在霜降后采收。此时果皮变厚，汁液变稠，含糖量高，耐贮性强，认真挑选、采收无病虫的好果以备用。在院内选一阴凉处，距墙 1 m，留出人行道，地面用砖等物垫起 15～30 cm，然后铺上秫秸箔，柿子放在箔上，一定要柿蒂向下，放 6～8 层，过厚在春季易压坏。在柿堆四周钉上木桩，夹上 7～10 cm 厚的谷草。柿果上面盖 10 cm 厚的谷草，天冷时要加至 15 cm 厚，以保温防风。到春天气温回升时，要防止柿果升温过快，使柿果变黑变软，缩短可贮藏时间。一般常用土坯将四周围起来隔温，这样至少可贮藏到春节，最久可贮藏到清明节前后。在贮藏期间如降雨雪，要及时用塑料布遮盖，以防潮湿。取果时要一

批一批地拿，不要乱翻，以防柿果变软。

② 低温保藏法。将柿果装入 0.06 mm 的聚乙烯塑料袋里密封好后，放入冷库中存放在温度 0～1 ℃、相对湿度 85%～90% 的条件下，可贮藏 50～70 d。

③ 冻结保藏法。把脱涩后的柿果装入聚乙烯塑料袋里密封后，放入 -18 ℃ 的低温库里冻结 1～2 d，再移入 -10 ℃ 的冷库中贮存。此法可以长期保藏柿果而不变质。

④ 气调保藏法。选用长 80～110 cm，宽 54～60 cm，厚 0.06 mm 的低密度聚乙烯薄膜包装袋进行小包装，每袋装 150 个果，加入 0.5～1.0 kg 分子筛乙烯吸收剂，热焊密封。要求温度在 (0±1)℃，相对湿度在 90% 以上，袋内气体条件要求氧气含量 2%～3%，二氧化碳含量 5%～10%。装后要检查薄膜封口有无孔洞。由于薄膜密封低温保存，一直维持着减压状态，乙烯的生成便受到抑制，可以防止柿果软化，也可阻碍病菌的繁殖，涩柿可在袋内保持硬度和减少水分蒸发，并促进柿果脱涩。采用此法较稳定，推广价值高。

4. 柿果加工

由于柿果成熟后肉质软，皮薄汁多，不耐贮运，且成熟时正是农忙季节，不能及时采收销售就易造成经济损失。以往加工手段多限于制柿饼，产品种类较少，不能使柿果充分发挥其经济价值。因此各地区可根据自己的情况，实行生产、加工、销售一条龙的工作模式，充分利用原料，加工相应的产品，提高产品价值。

柿树的叶、果等可加工成柿饼、柿叶茶、果酱、罐头、果汁、果胶等。现将几种加工方法介绍如下。

（1）柿饼　工艺流程：选果→去萼旋皮→消毒防腐→烘烤→发汗→生霜→整形→成品装箱。选果：挑选果形端正，果重 150 g 左右，充分成熟，肉质硬，糖分高，水分少，无机械损伤及无病虫的果实。去萼旋皮：将柿蒂周围翘起的萼片用手掰去，只留萼盘，用旋车削皮。消毒防腐：将去皮的柿果放入 0.5% 的亚硫酸钠或苯甲酸消毒液中浸半小时，捞出沥干，摆在准备好的柿箔上。烘烤：要掌握 3 个关键。一是要严格控制室内温度和湿度。第一阶段为受热阶段，温度 35～40 ℃。保持 58 h，每隔 2 h 排湿放气 1 次，每次不得少于 15～20 min。第二阶段为高温阶段，温度 40～57 ℃，保持 19 h，发现果皮发皱、顶部稍有凹陷时，即可随时捏饼。第三阶段为低温阶段，温度在 40 ℃以下，保持 6 h。经过多次捏饼，果肉软绵、富有弹性，且干湿适宜。立即停火，准备出房。二是要注意倒盘。因为室内温度有所不同，因此在烘烤中要上下倒盘，使整个柿果受热一致。三是要经常检查，发现个别发霉的柿果要集中放在温度较高的地方，加速伤口愈合。发汗：让柿果内部的水分扩散出去，一般常用堆积法。具体做法是将出房的柿果晾凉，堆放在箔子上，放在通风凉爽的地方，盖上柿皮和布单。1～2 d 后摊开晾 1 d，使水分平衡，干湿均匀。经过 2～3 次的堆积发汗即可入缸生霜。生霜：先在缸内放 20 cm 厚柿皮，再放上柿饼，直至装满为止，上面再盖 1 层柿皮，置于冷凉处生霜。整形：先选饼分级，整形捏饼，保持厚度均匀、形状整齐。成品装箱：可用纸箱，每箱装 10 kg，分层放置，层间放上隔板，排列整齐。

(2) 果酱 柿果 500 g 去蒂洗净，先把柿子纵切成两半，再横向切一刀，然后放在由 25°白酒 413 mL、缩多磷酸（IF）0.625 g、苹果酸 9.45 g 所组成的溶液中浸泡 2～3 d。再用打碎机将柿果充分捣碎，接着慢慢加入 1.2 kg 白糖，250 mL 果糖，搅拌均匀后加热，加入酒 29 mL、果汁 250 mL、苹果酸 3.9 g，边煮边搅，到 80 ℃时，迅速把 5 g 预先准备的果胶酸加入 100 mL 果糖中，再加热到 80 ℃，加入 10 mL 酒，停止加热，果酱便做成。做出的果酱酸甜适口，营养丰富。由于加了酒和有机酸，果酱不会因加热再产生涩味。

(3) 柿叶茶 一般在 7 月下旬至 9 月上旬，选新鲜色绿、无病虫害的柿叶制茶。把采好的绿叶用线穿上，放到 85 ℃的热水中浸泡 15 s 消毒，要烫出青草味。烫后立即放入冷水中浸泡，每隔 1 h 翻动 1 次，浸泡 5 h 后，检查柿叶组织中的胶质是否软化。软化后便可将柿叶沥干，然后轻轻用手揉搓，但是不能太碎，也可以用手撕，要撕得大小均匀。将搓好的柿叶放入大锅中烘炒，然后往锅内加适量水，以渗水而不滴为宜。要边加边搅，加完水后盖好锅盖进行熏蒸。将熏蒸过的湿柿叶摊放在阴凉通风处去水分，不能让阳光直晒，以免养分遭到破坏，晾至半干时将柿叶揉搓成卷，再晾干就成为柿叶茶。经化验鉴定后，可分级包装，放入干燥通风的库房保存。由于柿叶营养丰富，干叶中含有维生素、氨基酸等多种营养成分，制成柿叶茶后，喝起来芳香可口，冬夏皆宜，又有抗菌、消炎、解热、降血压等多种疗效，很受人们欢迎。摘去树上多余的叶子，也能够使树体更好地通风透光，提高果实的品质，增加经济效益。同时，由于操作方法简便，可随时制作柿叶茶，很适合家庭及小商品经营者选用。

（4）**柿醋** 柿醋加工，主要是以不耐贮的柿果、伤残落果、病虫果及加工柿白酒的渣为原料。柿醋加工原理：一是将柿果转化为酒精发酵；二是利用已发酵产生的酒精，再进行醋酸发酵，使酒精转化为醋酸，即成为柿醋。一般每 1 kg 原料可酿醋 2 kg 左右。具体操作方法如下：①发酵。将柿果原料洗净，沥干水后破碎。把破碎的果肉装入缸内，每 100 kg 原料加 10 kg 麸曲，再加入 300 L 水、米糠、酵母液拌匀，然后密封保温发酵，温度控制在 25～30 ℃，发酵 10 d，发酵过程中要注意搅拌，让醋酸菌加速繁殖，使酒精转化为醋酸。一般 15～20 d 即可完成发酵。②过滤。将缸里发酵完毕的渣子捞出来后进行过滤，滤液即为白色的柿醋。③调配。每 100 kg 柿醋加 1 kg 食盐及适量花椒水后，再装瓶杀菌。④杀菌。在蒸笼上或在锅中杀菌，温度要求在 60 ℃ 以上，杀菌 30 min 即可，而后出锅冷却、擦干、贴商标，在库内存放 5～6 个月后即成柿果香醋。

参考文献
REFERENCES

高愿君，2011. 山楂的加工与利用（上）［J］. 农产品加工（创新版）（4）：39 - 43.

高愿君，2011. 山楂的加工与利用（下）［J］. 农产品加工（创新版）（5）：41 - 44.

李宝，冷平，2009. 国内外柿生产和贸易现状与发展趋势［C］//中国园艺学会柿分会. 第四届全国柿生产和科研进展研讨会论文集. 北京：中国园艺学会：20 - 33.

李高潮，2002. 柿品种性状演变与分化研究［J］. 西北农业学报，11（1）：68 - 71.

李高潮，杨勇，王仁梓，2006. 中国原产柿品种资源［J］. 中国种业（4）：52 - 53.

刘振岩，李振三，2000. 山东果树［M］. 上海：上海科技出版社.

罗正荣，蔡礼鸿，胡春根，1996. 柿属植物种质资源及其利用研究现状［J］. 华中农业大学学报，19（4）：381 - 388.

罗正荣，蔡礼鸿，1998. 中国柿及其研究近况［C］//中国园艺学会. 首届干果生产与科研进展学术研讨会论文集. 北京：中国林业出版社.

罗正荣，王仁梓，2001. 甜柿优质丰产栽培技术彩色图说［M］. 北京：中国农业出版社.

罗正荣，张青林，2005. 第三届国际柿学术研讨会总结报告［C］//中国园艺学会干果分会. 第四届全国干果生产、科研进展研讨会论文集. 北京：中国农业科学技术出版社（4）：17 - 21.

孟庆杰，黄勇，王光全，等，2010. 山楂新品种'沂蒙红'［J］. 园艺学报，37（7）：1189 - 1190.

山东省果树研究所，1996. 山东果树志［M］. 济南：山东科学技术出版社.

山东省农业科学院，2000. 山东果树［M］. 上海：上海科学技术出版社.

申为宝，陈修会，2005. 临沂果茶志［M］. 北京：方志出版社.

王光全，孟庆杰，张永忠，2001. 鲜食山楂新品种选育研究报告［J］. 河北林果研究，16（3）：36 - 38.

王仁梓，杨勇，1991. 甜柿推广中的若干问题［J］. 果树科学（3）：187 - 190.

杨明霞，温映红，崔克强，等，2015. 中国山楂育种现状及相关分子标记研究进展〔J〕.中国农学通报，31（13）：90－94.

杨勇，阮小风，王仁梓，等，2005.柿种质资源及育种研究进展〔J〕.西北林学院学报，20（2）：133－137.

张铁如，2009.怎样提高山楂栽培效益〔M〕.北京：金盾出版社.

赵焕谆，丰宝田，1996.中国果树志·山楂卷〔M〕.北京：中国林业出版社.

图书在版编目（CIP）数据

山楂、柿新品种及配套技术 / 魏树伟，秦志华主编．
—北京：中国农业出版社，2020.4
（果树新品种及配套技术丛书）
ISBN 978 - 7 - 109 - 26726 - 8

Ⅰ.①山… Ⅱ.①魏… ②秦… Ⅲ.①山楂－果树园艺
②柿－果树园艺 Ⅳ.①S661.5②S665.2

中国版本图书馆 CIP 数据核字（2020）第 051036 号

中国农业出版社出版
地址：北京市朝阳区麦子店街 18 号楼
邮编：100125
责任编辑：舒 薇 李 蕊 王琦瑢 文字编辑：宫晓晨
版式设计：王 晨 责任校对：赵 硕
印刷：中农印务有限公司
版次：2020 年 4 月第 1 版
印次：2020 年 4 月北京第 1 次印刷
发行：新华书店北京发行所
开本：880mm×1230mm 1/32
印张：6.5 插页：2
字数：175 千字
定价：35.00 元